园林景观施工技术及团队管理

张学礼　著

中国纺织出版社有限公司

内 容 提 要

本书依据大型工程实操经验详细阐述了园林绿化景观施工技术和团队的科学管理。内容分上、下两篇：上篇为工艺及质控，包括施工工艺流程与质量控制、绿化苗木养护管理、常见园林绿化苗木特性与识别；下篇为团队管理，包括执行团队的两大标准和“三级”关系、项目管理的真正落地、团队管理者综合素质提升、优秀项目部工作方案、团队战斗力的引擎。

本书重点突出工程技术流程操作与实践，以及团队的科学管理，核心内容表述简明扼要，并附实操图片，苗木标注有中文学名和拉丁文学名。

本书内容丰富，图文并茂，资料新颖翔实，达到理论与实操相结合。本书可供园林景观设计师及施工团队使用和参考。

图书在版编目（CIP）数据

园林景观施工技术及团队管理 / 张学礼著 . -- 北京：中国纺织出版社有限公司，2020.1（2025.1 重印）

ISBN 978-7-5180-6795-4

Ⅰ . ①园… Ⅱ . ①张… Ⅲ . ①园林—工程施工—项目管理 Ⅳ . ① TU986.3

中国版本图书馆 CIP 数据核字（2019）第 217508 号

责任编辑：华长印　　特约编辑：贺窑青
责任校对：江思飞　　责任印刷：何　建

中国纺织出版社有限公司出版发行
地址：北京市朝阳区百子湾东里 A407 号楼 100124
销售电话：010—67004422　传真 010—87155801
http：//www.c-textilep.com
中国纺织出版社天猫旗舰店
官方微博 http：//weibo.com/2119887771
永清县晔盛亚胶印有限公司印刷　各地新华书店经销
2020 年 1 月第 1 版　　2025 年 1 月第 2 次印刷
开本：710×1000　1/16　印张：14.75
字数：200 千字　　定价：128.00 元

前　言>>>

城市的现代化建设带动了园林绿化行业的迅猛发展，人们对改善环境的需求使得传统的挖坑栽树已无法满足现代文明社会对园林景观的要求。园林绿化工程从绿化初级阶段发展到以生态景观为主，施工工艺也越来越缜密科学。

艾森豪威尔曾说过："任何语言都是苍白的，你唯一需要的就是执行力，一个行动胜过一打计划。"一个优秀的工程营造者，要把工程这个"产品"创造成精品，就要以优质的原材料做保证，将理论与实操相结合，踏实、认真地执行到底，这往往要做出很大的努力，甚至是毕生的努力。另外，团队管理与企业的发展必须转变思路和经营模式，墨守成规将举步维艰。因此，提高工程建设品质，就要有一大批懂技术、会管理的专业人才，并将他们组成一个既具备精湛专业水平，又具备实践技能的团队。

本书在撰写过程中得到以下人员给予的大力支持：王秋田、胡博文"施工工艺流程与质量控制"；孙学莉、王欢、杨怀广"绿化苗木养护管理"；曹世春"常见园林绿化苗木特性与识别"；王桂芳"执行团队的两大标准和'三级'关系"；王海军、万名学"项目管理的真正落地"；王树森、

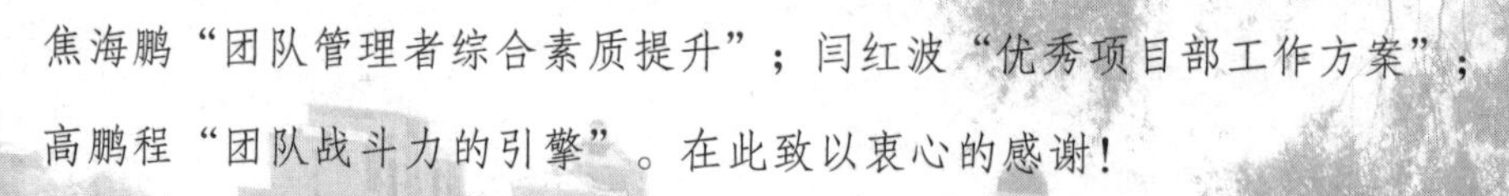

焦海鹏“团队管理者综合素质提升”；闫红波“优秀项目部工作方案”；高鹏程“团队战斗力的引擎”。在此致以衷心的感谢！

另外，还要特别感谢宁夏农业学校王锡琳教授、北京市延庆区园林绿化局高级园林工程师郭春明先生的精心指导和帮助。

张学礼

2019年5月于北京

目 录>>>

上篇　工艺及质控

下篇　团队管理

上篇

工艺及质控

第一章

施工工艺流程与质量控制

第一节　施工工艺简易流程检索

1. 人工挖土方工艺流程

确认开挖顺序→沿灰线切出轮廓线→分层开挖→清底。

2. 机械挖土方工艺流程

确认开挖顺序→分段分层开挖→清底。

3. 人工回填土工艺流程

基槽底找平及清理→分层铺土→夯实→验收。

4. 机械挖基槽工艺流程

基槽底找平及清理→分层铺土→分层碾压→验收。

5. 灰土基础施工工艺流程

灰土过筛→灰土拌和→槽底清理→分层铺灰→夯实→找平、验收。

6. 级配砂石地基施工工艺流程

地基表面处理→分层铺筑砂石→洒水→夯实或碾压→找平、验收。

7. 砂砾、地基施工工艺流程

基槽底找平及清理→分层铺混合料→夯实或碾压→找平、验收。

8. 素混凝土基础施工工艺流程

槽底、模板内清理→混凝土拌制→混凝土浇筑→混凝土养护。

9. 砖基础砌筑工艺流程

拌制砂浆→确定组砌方法→排砖撂底→砌筑→抹防潮层。

10. 砖砌体砌筑工艺流程

确定组砌方法→砖浇水→排砖撂底→砂浆搅拌→砌体砌筑→验收。

11. 混凝土小型空心砌块砌筑工艺流程

墙体放线→砖块排放→配制砂浆→砌筑→竖缝灌砂浆→勒缝→验收。

12. 石砌体砌筑工艺流程

材料准备→配制砂浆→试排撂底→砌料石→验收。

13. 砌筑工程构造柱、圈梁模板的安装与拆除工艺流程

准备工作→支构造柱、圈梁模板→预检→模板拆除。

14. 现浇钢筋混凝土结构模板安装与拆除工艺流程

（1）安装柱模板：弹柱位置线→抹找平层做定位墩→安装柱模板→安装柱箍→安拉杆→预检→模板拆除。

（2）安装墙模板：弹线→安门洞口模板→安一侧模板→安另一侧模板→调整固定→预检→模板拆除。

（3）安装量模板：弹线→支立柱→调整标高→安装梁底模→绑梁钢筋→安装侧模→预检→模板拆除。

15. 砖混结构构造柱、圈梁、混凝土施工工艺流程

作业准备→运输混凝土→混凝土浇筑、振捣→混凝土养护。

16. 现浇框架、墙混凝土施工工艺流程

作业准备→运输混凝土→混凝土浇筑、振捣→混凝土养护。

17. 混凝土地面施工工艺流程

找标高、挂水平线→基层处理→运输混凝土→浇筑混凝土→抹面层→养护→切割伸缩缝填缝。

18. 石板铺装施工工艺流程

找标高、挂水平线→安装道牙→冲筋→铺石板→补边→灌缝、擦洗。

19. 卵石地面施工工艺流程

找标高、挂水平线→基层清理→铺砂浆→栽卵石→找平→冲洗→覆盖→养护。

20. 木地板施工工艺流程

找平放线→安装木龙骨→铺木地板→盘头封边→堵螺栓孔。

21. 水刷石施工工艺流程

基层清理→吊垂直→底层抹砂浆→弹线分格→抹石渣浆→压实、冲洗。

22. 贴面砖施工工艺流程

基层清理→吊垂直、找规矩→底层抹砂浆→弹线分格→排砖→泡砖→镶贴面砖→面砖勾缝→擦洗砖面、缝。

23. 挂贴石材施工工艺流程

钻孔、剔槽→穿铜丝→绑扎、固定钢筋网→吊垂直、找规矩→安装石材→分层灌浆。

24. 喷灌施工工艺流程

管沟开挖→管道安装→接口养护→闸阀安装→试压→管沟回填。

25. 灯具安装工艺流程

灯架安装→灯具接线→灯具安装→通电试运行。

26. 配电箱安装工艺流程

配电箱安装→灯具接线→导线连接→绝缘测试。

27. 园路广场基础施工工艺流程

测量放线→清除表土→整修基底→基底夯实→基底找平并标高测量→摊铺基础碎石→碾压碎石。

28. 园路施工工艺流程

施工放线→修筑路槽→基层施工→结合层施工→面层施工→道牙施工。

第二节　软景工程施工工艺流程与质量控制

以植物造就的景观称为软景工程。软景工程所用植物分为乔木、亚乔木、灌木、竹子、花卉地被种植、草坪铺植等。

一、乔木种植流程

流程：堆坡造型→定点放线→挖种植穴→苗木进场质量验收→修剪（根剪、冠剪）→涂抹修剪伤口愈合剂（根部喷生根剂）→将苗木放入种植穴，小心拆除土球包装物→回填土使颈痕与地面平齐→打围堰→打支撑→浇定植水→二次整形修剪、扶正→浇第二、三遍水→涂白→裹干→覆膜或缠杆。

1. 堆坡造型

景观工程少不了堆坡造型（图 1–1），微地形起伏不能忽高忽低，应平缓过渡（图 1–2）；相对高度在允许范围内（表 1–1）。

图 1–1　堆坡造型

图 1–2　微地形起伏不能忽高忽低，应平缓过渡

表 1-1 微地形起伏不能忽高忽低，相对高度在允许范围内

<table>
<tr><th>项次</th><th colspan="2">项目</th><th>尺寸要求</th><th>允许偏差 /cm</th></tr>
<tr><td>1</td><td colspan="2">边界线位置</td><td>设计要求</td><td>± 50</td></tr>
<tr><td>2</td><td colspan="2">等高线位置</td><td>设计要求</td><td>± 10</td></tr>
<tr><td rowspan="6">3</td><td rowspan="6">地形相对标高 /cm</td><td>≤ 100</td><td rowspan="6">回填土方自然沉降以后</td><td>± 5</td></tr>
<tr><td>101 ~ 200</td><td>± 8</td></tr>
<tr><td>201 ~ 300</td><td>± 12</td></tr>
<tr><td>301 ~ 400</td><td>± 15</td></tr>
<tr><td>401 ~ 500</td><td>± 20</td></tr>
<tr><td>> 500</td><td>± 30</td></tr>
</table>

2. 适合苗木生长的最小土层厚度

适合苗木生长的最小土层厚度草本花卉（草皮）大于或等于 30cm，地被物大于或等于 35cm；小灌木大于或等于 45cm；大灌木大于或等于 60cm，浅根性乔木大于或等于 100cm；深根性乔木大于或等于 200cm（表 1-2）。

表 1-2 适合苗木生长的最小土层厚度

苗木类型	草本花卉（草皮）	地被	小灌木	大灌木	浅根性乔木	深根性乔木
深度 /cm	≥ 30	≥ 35	≥ 45	≥ 60	≥ 100	≥ 200

3. 定点放线

参照优化了的图纸，结合现场地形及苗木特征和规格放线（图 1-3）。

4. 挖种植穴

种植穴的大小，应根据苗木根系、土球直径和土壤情况而定。种植穴必须垂直下挖，上口下底直径相等（图 1-4）。土层深度不够时应进行局部换土。根据苗木规格、根系大小决定开挖种植穴规格（表 1-3、表 1-4）。

图 1-3 定点放线

图 1-4 种植穴必须垂直下挖，上口下底直径相等

表 1–3　常绿乔木类种植穴规格

树高 /cm	土球直径 /cm	种植穴深度 /cm	种植穴直径 /cm
150	50 ~ 55	50 ~ 60	80 ~ 90
150 ~ 250	80 ~ 90	80 ~ 90	100 ~ 110
250 ~ 400	90 ~ 100	90 ~ 110	120 ~ 130
400 ~ 500	120 ~ 130	100 ~ 110	150 ~ 160
500 ~ 600	150 ~ 160	110 ~ 120	180 ~ 190
600 ~ 800	180 ~ 190	130 ~ 140	210 ~ 220
800 ~ 1000	200 ~ 210	130 ~ 140	230 ~ 240

表 1–4　落叶乔木类种植穴规格

胸径 /cm	种植穴深度 /cm	种植穴直径 /cm	胸径 /cm	种植穴深度 /cm	种植穴直径 /cm
2 ~ 3	30 ~ 40	40 ~ 60	3 ~ 4	40 ~ 50	60 ~ 70
4 ~ 5	50 ~ 60	70 ~ 80	5 ~ 6	60 ~ 70	80 ~ 90
6 ~ 8	70 ~ 80	90 ~ 100	8 ~ 10	80 ~ 90	100 ~ 110

5. 苗木进场质量验收

（1）外埠苗木应出具当地植物检疫证书、林木种子生产经营许可证、苗木标签、苗木复检单［图 1–5（a）］；本地苗应出具产地检疫合格证、林木种子生产经营许可证、苗木标签、苗木复检单［图 1–5（b）］。

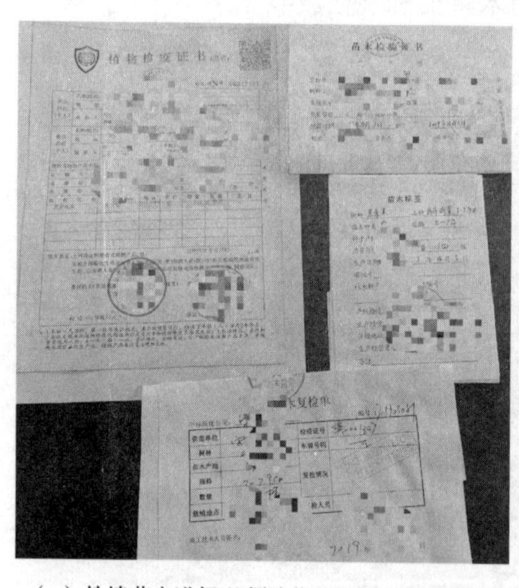

（a）外埠苗木进场必须验收“两证一签一单”

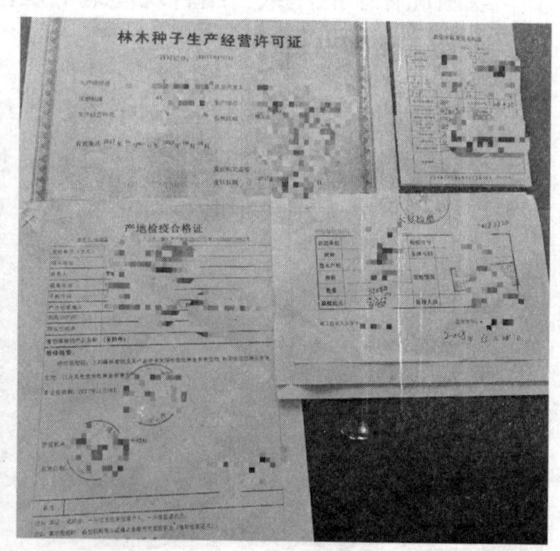

（b）本地苗木进场必须验收“两证一签一单”

图 1–5　苗木进场验收

（2）苗木形态要求：常绿乔木主干通直不分叉，中心顶芽健壮，冠幅饱满、不偏冠；明显主干的落叶乔木主干通直，中央领导枝明显，树形端正均衡；主干不明显的落叶乔木，有中心干且基本通直，有中央领导枝；观叶类亚乔木及独干灌木，分枝均匀且不少于5条；丛生灌木，灌丛丰满，分枝不少于7条（表1–5）。

表 1–5 苗木形态表

<table>
<tr><th colspan="2" rowspan="2">树种</th><th colspan="4">形态要求</th></tr>
<tr><th>外形</th><th>高度 /m</th><th>冠幅不低于 /cm</th><th>修枝点不高于 /cm</th></tr>
<tr><td rowspan="9">常绿乔木树种</td><td rowspan="9">油松、华山松、白皮松</td><td rowspan="9">主干通直不分叉，长势旺盛、中心顶芽健壮，冠幅饱满、不偏冠</td><td>1.5 ~ 2.0</td><td>60</td><td rowspan="5">—</td></tr>
<tr><td>2.0 ~ 2.5</td><td>90</td></tr>
<tr><td>2.5 ~ 3.0</td><td>100</td></tr>
<tr><td>3.0 ~ 3.5</td><td>120</td></tr>
<tr><td>3.5 ~ 4.0</td><td>140</td></tr>
<tr><td>4.0 ~ 4.5</td><td>160</td><td>60</td></tr>
<tr><td>4.5 ~ 5.0</td><td>180</td><td>80</td></tr>
<tr><td>5.0 ~ 5.5</td><td>200</td><td>100</td></tr>
<tr><td>5.5 ~ 6.0</td><td>220</td><td>120</td></tr>
<tr><td colspan="3">树种</td><td colspan="3">形态要求</td></tr>
<tr><td rowspan="2">常绿乔木树种</td><td colspan="2">侧柏</td><td colspan="3">主干明显、通直不分叉，长势旺盛，顶芽健壮，冠形圆满，无干枯枝</td></tr>
<tr><td colspan="2">桧柏</td><td colspan="3">落地全冠，长势旺盛，顶芽健壮，冠形圆满，无干枯枝</td></tr>
<tr><td>有明显主干的落叶乔木</td><td colspan="2">白蜡、臭椿、杜仲、七叶树、栓皮栎、雄性毛白杨等</td><td colspan="3">主干通直，中央领导枝明显，树形端正均衡</td></tr>
<tr><td rowspan="2">主干不明显的落叶乔木</td><td colspan="2">国槐、栾树、五角枫、雄性柳树、元宝枫、玉兰等</td><td colspan="3">有中心干且基本通直，有中央领导枝</td></tr>
<tr><td colspan="2">樱花、海棠、碧桃、山桃、山杏、暴马丁香灯观花类亚乔木</td><td colspan="3">冠形完整、不偏冠</td></tr>
<tr><td rowspan="2">灌　木</td><td colspan="2">观叶类及独干灌木</td><td colspan="3">分枝均匀且不少于 5 条</td></tr>
<tr><td colspan="2">丛生灌木</td><td colspan="3">灌丛丰满，分枝不少于 7 条</td></tr>
</table>

（3）土球要求：常绿树土球的直径不能低于树干胸径的8倍，土球高度是土球直径的4/5左右（表1–6）。保证土球完好，外表平整光滑，土球底部似苹果底部形状（图1–6）。包装严密，草绳紧实不松脱。土球底部（表1–7）要封严，不能漏土。

表 1–6 土球规格要求

胸径（距地表 1.3m 处）/cm	土球（直径 × 高度）/cm	常绿树高度 /m	土球（直径 × 高度）/cm
8 ~ 10	70 × 50	3.0 ~ 3.5	80 × 60
10 ~ 13	100 × 800	3.5 ~ 4.0	100 × 80
13 ~ 15	120 × 90	4.0 ~ 4.5	120 × 90
15 ~ 20	150 × 120	4.5 ~ 5.0	150 × 120

图 1–6　土球底部似苹果底部形状

表 1–7　土球留底要求

名称	土球留底要求		
土球直径 /cm	50 ~ 70	80 ~ 100	100 ~ 140
留底规格 /cm	20	30	40

（4）常绿树的进场质量验收标准见表 1–8。

表 1–8　常绿树的进场质量验收标准

地径 /cm	土球直径与地径的倍数	土球厚度与地径的倍数	备注
1 ~ 5	8 倍	4/5	土球厚度根据土层和毛细根分布决定。若设计图有要求，应符合设计要求
6 ~ 10	7 倍	4/5	
11 ~ 20	6 倍	4/5	
21 ~ 25	5.5 倍	4/5	
26 ~ 30	5 倍	4/5	

6. 修剪

（1）裸根苗中劈裂和过长的根需修剪（图 1–7），土球外露根需修剪（图 1–8），树冠需修剪（图 1–9）。

（2）涂抹伤口愈合剂：树体机械损伤处（图 1–10）或修剪留下的 2cm 以上的枝伤口（图 1–11）需涂抹伤口愈合剂。

图 1-7 裸根苗中劈裂和过长的根需修剪

图 1-8 土球外露根需修剪

图 1-9 树冠需修剪

图 1-10 机械损伤处涂抹伤口愈合剂

图 1-11 2cm 以上修剪的枝伤口处涂抹伤口愈合剂

（3）修剪留茬高度：距皮脊 1cm（图 1–12）。

7. 喷生根剂

根部喷生根剂 2～3 遍，将土球外露根周围的土喷湿深度为 1～2cm（图 1–13）。

图 1–12　修剪留茬高度距皮脊 1cm　　图 1–13　根部喷生根剂

8. 种植

（1）苗木放入种植穴后小心拆除土球包装物（图 1–14），土壤透水性差的种植穴需埋抽水管（图 1–15），漏水的砂砾地需客土覆膜保水（图 1–16）。

图 1–14　苗木放入种植穴，小心拆除土球包装物

图 1–15　土壤透水性差的种植穴需埋抽水管

（2）黏性土壤要进行改良（图 1–17）。

（3）回填土分层踏实（图 1–18）。

图 1–16 漏水的砂砾地需客土覆膜保水

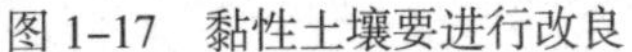

图 1–17 黏性土壤要进行改良

图 1–18 回填土分层踏实

（4）打围堰：在种植穴外沿筑围堰，围堰边缘用细土培筑高 25 ~ 30cm 的围堰，围堰应筑实不漏水（图 1–19）；砾石结构的围堰要用土雍实不漏水（图 1–20）。

9. 打支撑

常绿树支撑高度为树干高度的 2/3（图 1–21），落叶树支撑高度宜在树木的分枝点处（图 1–22）；连接树木的支撑点应在树木主干上，其连接处应衬软垫，并绑缚牢固（图 1–23）；支撑杆与地脚桩捆扎牢固（图 1–24）；面积大的片林需做矩阵网法加固（图 1–25）；高大乔木为防风倒伏需加强支撑（图 1–26）。同规格同树种的支撑物、支撑角度、绑缚形式及支撑材料宜统一（表 1–9）。

图 1–19 平缓地用土堰

图 1–20 砾石结构的用土壅实不漏水

图 1–21 常绿树支撑高度为树干高度的 2/3

图 1–22 落叶树支撑高度宜在树木的分枝点处

图 1–23 连接处应衬软垫，并绑缚牢固

图 1–24 支撑杆与地脚桩捆扎牢固

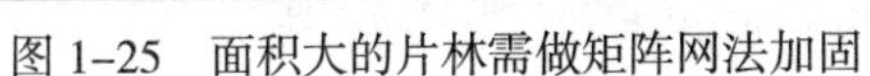

图 1–25　面积大的片林需做矩阵网法加固

图 1–26　高大乔木为防风倒伏需加强支撑

表 1–9　同规格同树种的支撑物、支撑角度、绑缚形式及支撑材料宜统一

支撑杆长度 /m	小头直径 /m	允许偏差 /cm
8	≥ 6–7	± 1.0
6	≥ 5	± 0.5
5	≥ 4.5	± 0.5
4	≥ 4	± 0.5
3	≥ 3	± 0.4
2	≥ 2	± 0.4

10. 浇灌水

栽植当天浇灌第 1 次水，浇灌要慢灌不能太快，最好是用塑料管插入树穴底部，使水返上来（图 1–27）；3 天内浇灌第 2 次水，加入生根粉（图 1–28）；10 天内浇灌第 3 次水，有条件的加入生根粉、根灵敌磺钠，要浇足、浇透、见干见湿（图 1–29）。浇灌三水后应及时封堰。

图 1–27　用塑料管插入树穴底部，使水返上来

图 1–28　3 天内浇灌第 2 次水，加入生根粉

图 1–29　第 3 次水有条件时加入生根粉、根灵敌磺钠

11. 涂白

涂白高度 130cm（图 1–30）。树干涂白剂配方：石硫合剂原液 250ml、食盐 0.25kg、生石灰 1.5kg，油脂适量，水 5000ml，现配现用（图 1–31）。

图 1–30　涂白高度 130cm

图 1–31　现场配制树干涂白剂

12. 裹干

为防止树体水分蒸发应用草绳裹干［图 1–32（a）］或用厚的无纺布裹干［图 1–32（b）］。裹干高度一般在 180cm。

13. 覆膜

干旱地区降水量小，土壤蒸发量大，浇灌三遍水后应对围堰覆盖塑料薄膜以保水保墒（图 1–33）。

（a）草绳裹干

（b）无纺布裹干

图 1–32　裹干

（a）灌三遍水后对围堰覆盖塑料薄膜

（b）对围堰覆盖塑料薄膜保水保墒

图 1–33　覆膜

二、亚乔木、灌木种植流程

亚乔木、灌木种植流程：放样（图 1–34）→挖穴，即按树高、土球大小挖圆形穴（图 1–35，表 1–10）→拆除土球包装物（图 1–36）→修剪、疏除过密的内堂枝（图 1–37）→种植→回填土踏实，土球面与地面持平（图 1–38）→围堰高

30cm，顶宽 20cm（图 1-39）→打支撑，采用“扁担型”支撑，支撑中心点高度控制在分枝点处（图 1-40）→浇灌水时树穴里撒入生根粉（图 1-41）→气温高时对叶面喷抑制蒸腾剂（图 1-42）→涂干高度至分枝点（图 1-43）→裹干高度至分枝点（图 1-44）→喷药防治病虫害（图 1-45）。

图 1-34　放样

图 1-35　挖穴

表 1-10　花灌木类种植穴规格

树高 /m	土坨（直径 × 高）/cm	圆坑（直径 × 高）/cm	说明
1.2 ~ 1.5	30 × 20	60 × 40	丛植为三株以上
1.5 ~ 1.8	40 × 30	70 × 50	
1.8 ~ 2.0	50 × 30	80 × 50	
2.0 ~ 2.5	70 × 40	90 × 60	

图 1-36　拆除土球包装物

图 1-37　修剪，疏除过密的内堂枝

图 1-38 回填土踏实，土球面与地面持平

图 1-39 围堰高 30cm，顶宽 20cm

图 1-40 打支撑，采用“扁担型”支撑

图 1-41 浇灌水时树穴里撒入的生根粉

图 1-42 气温高时对叶面喷抑制蒸腾剂

图 1-43 涂干高度至分枝点

图 1–44　裹干高度至分枝点

图 1–45　喷药防治病虫害

三、竹子种植

选择 1 ~ 2 年生长壮实的竹鞭（图 1–46），地下竹鞭鲜黄（图 1–47），竹芽饱满的竹鞭。土球直径不小于 50cm（图 1–48）。选背风向阳、潮湿的环境种植竹子生长快，生长量大，对水肥要求高，即要求土壤湿度大，排水良好，土质深厚肥沃，含有机质和矿物元素且偏酸性。

图 1–46　1 ~ 2 年生长壮实的竹鞭

图 1–47　地下竹鞭鲜黄

图 1–48　土球直径不小于 50cm

流程：整地（深翻 50cm）→挖种植穴（表 1–11）→修剪高度控制在株高的 2/3（图 1–49）→种植，竹竿保持直立，然后把土踩实（图 1–50）→回填土（对母竹使其根盘的表面比种植穴面低 5cm）→围堰→打支撑，竿与竿之间用竹竿搭接［图 1–51（a）］呈网格状，绑扎紧［图 1–51（b）］→浇定根水。

表 1–11 挖种植穴

种植穴深度	种植穴直径
大于盘根或土球厚度 50 ~ 60cm	大于盘根或土球直径 60 ~ 70cm

图 1–49 修剪高度控制在株高的 2/3

图 1–50 竹竿保持直立，土踩实

（a）竿与竿之间用竿搭接

（b）呈网格状绑扎紧

图 1–51 打支撑

四、花卉、地被植物种植

花卉、地被植物种植包含苗木种植和播种。

1. 苗木种植

流程：深翻30cm［图1–52（a）］并细致整地，捡出石砾、瓦块等垃圾［图1–52（b）］→施肥（图1–53）→搂平（图1–54）→将优化了的种植方案放样（图1–55）→种植层次分明、与周围环境协调、色叶搭配合理的苗木（图1–56），使苗木线缘切割流畅优美（图1–57）→边缘有接口的在最外层用统一的材料进行收边，统一视觉效果（图1–58）→淋定植水（图1–59）→搭遮阴篷（图1–60）。

（a）深翻30cm

（b）细致整地捡出石砾等垃圾

图1–52　整地

图1–53　施肥

图1–54　搂平

图 1-55 将优化了的种植方案放样

图 1-56 与周围环境协调、苗木的色叶搭配合理

图 1-57 苗木线缘切割流畅优美

图 1-58 用统一的材料进行收边，统一视觉效果

图 1-59 淋定植水

2. 播种

流程：深翻30cm（图1-61）并细致整地，捡出石砾、瓦块等垃圾→施肥→搂平→播种（图1-62）→磙压（图1-63）。

图1-60　搭遮阴篷

图1-61　深翻30cm

图1-62　播种

图1-63　磙压

五、草坪铺植

草坪铺植的流程：草坪床深翻30cm（图1-64）并找平→施入有机质复合肥后搂平（横向耙、纵向耙、对角耙各一遍），使坪床达到表面平整光滑、细致平坦、上渲下实→铺植的草皮不搭边、不通缝、不留缝（图1-65）→浇水（图1-66）→待半干后磙压（图1-67），使草根与土壤充分接触→切边（图1-68）→进入正常养护管理（第一件事是绿化范围内全面喷洒多菌灵500倍+乐果1500倍，7天一次，连喷2～3次防止病虫害的发生）。

图1–64　草坪床深翻30cm

图1–65　铺植的草皮不搭边、不通缝、不留缝

图1–66　浇水

图1–67　待半干后碾压

图1–68　切边

第三节　北方（北京延庆地区）雨季种植技术流程

北京延庆地区多年平均降水量为493mm，降水量的年际变化大，根据延庆站降水资料分析，最多年份为747.1mm，最少年份为274mm。进入20世纪80年代后该地区连续发生干旱，地表水量极不稳定。降水量在年内和时空上均分布不均，6～8月降水量占全年总降水量的72%，春季降水量仅占年降水量的10%～15%，春旱现象经常发生。地域上分布也不均，东部山区多于西部川区，山区多年平均降水量为557mm，是全区多年平均降水量的1.13倍；平原区多年平均降水量为429毫米，是全区多年平均降水量的0.87倍（表1–12）。所以，延庆地区雨季苗木种植，最佳时间是7月初开始至8月底结束，历时约60天。

表1–12　延庆地区平均降水量分析表

项目	6月	7月	8月	9月
日均最高气温/℃	30	31	30	26
日均最低气温/℃	19	22	21	15
平均降水总量/mm	74	179	177	53

种植流程：按图纸设计的品种、规格圃地号苗→圃地里修剪（分枝点以下的枝条全部剪除，疏除过密的内膛枝，枝叶留存量原则上为冠体量的2/3左右；留茬高度不超过1cm，修剪粗2cm以上的枝条，剪口必须涂抹伤口愈合剂；保留三级分枝）→圃地灌水（欲起苗提前3～5天圃地灌足水）→土壤含水量适宜时进行拍浆挖苗（圃地土壤含水量在70%～75%；用脚踩或用铁锹拍见到有水渗出，但不流水时开始挖球；土球大小比设计要求加大10cm）→包装土球（采取橘子瓣法包装，不能有假球、散球、扁球，严禁裸根苗进场）→装车（用吊车吊装，保护好枝、干不伤皮不折枝）→途中防蒸腾保护（盖苫布、喷水、喷抑制蒸腾剂）→卸苗（吊车卸苗，保护土球不散球）→二次整形修剪（将折枝、病虫枝、过密的小枝剪除，竞争枝采取回缩背后换头技术等处理）→栽植（拆除不易降解的土球包装物。对土球外露的根系喷生根剂，土球表层见湿为宜。树体主干要垂直，树冠观赏面朝向观赏位置）→回填土（土球埋深保持与自然地面持平；分层回填，

不能一次性填满；回填土至土球 2/3 位置处，撒入水溶性强力生根粉和根灵敌磺钠）→打支撑→打围堰→浇一遍透水→大树输营养液（图 1-69）→浇二、三遍水→涂干→缠杆→栽后管理。

（a）大树插瓶输营养液

（b）大树吊袋输营养液

图 1-69 大树输营养液

第四节 北方（北京延庆地区）秋冬季种植技术流程

秋冬季种植技术流程：按图纸设计的品种、规格圃地号苗→圃地里修剪（分枝点以下的枝条全部剪除，疏除过密的内膛枝，枝叶留存量原则上为冠体量的 1/3 左右；留茬高度不超过 1cm，修剪粗 2cm 以上的枝条，剪口必须涂抹伤口愈合剂；保留三级分枝）→圃地灌水（欲起苗提前 3 ~ 5 天圃地灌足水）→苗木叶开始逐渐泛黄落叶进行挖苗，土壤含水量适宜时进行拍浆挖苗（圃地土壤含水量在 70% ~ 75%，用脚踩或用铁锹拍见到有水渗出，但不流水时开始挖苗，土球大小比设计要求加大 10cm）→包装土球（采取橘子瓣法包装。不能有假球、散球、扁球，严禁裸根苗进场）→装车（用吊车吊装，保护好枝、干不伤皮不折枝）→卸苗（吊车卸苗，保护土球不散球）→二次整形修剪（将折枝、病虫枝、过密的小枝剪除，竞争枝采取回缩背后换头技术等处理）→栽植（拆除不易降解的土球包装物；树体主干要垂直，树冠观赏面朝向观赏位置）→回填土（土球埋深保持与自然地面持平；分层回填，不能一次性填满）→打支撑→打围堰→浇一遍透水→浇二遍水→覆膜→涂干→缠干→越冬保护措施管理（在土壤夜冻昼消时，浇足冻水，防止苗木冬旱失水抽条）。

秋冬季植苗需特别注意的是：

（1）裸根穴栽种：裸根苗根冠直径须达到地径的10倍，保留根长25～30cm的Ⅰ级侧根数不少于25条，保留护心土；土球苗土球直径为地径的10倍，不散球。

（2）浇透水后一定要做好覆膜（图1–70），将树木根颈部雍起高30～50cm的土堆（图1–71），搭建防风障（图1–72），做防寒棚（图1–73），裹干（图1–74），搭支撑架等防寒工作。

图1–70　浇透水后一定要做好覆膜

图1–71　将树木根颈部雍起高30～50cm的土堆

图1–72　搭建防风障

图1–73　做防寒棚

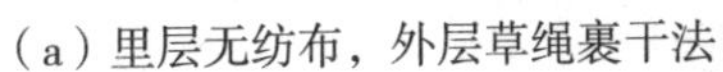

（a）里层无纺布，外层草绳裹干法

（b）报纸裹干法

（c）草绳外包裹塑料薄膜裹干法

图 1-74 裹干

（3）冠剪、根剪。

（4）不耐寒的大乔木从根颈部用草绳或厚的无纺布缠裹至分枝点处或 2m 高处，外层再用塑料薄膜缠裹。

第五节　重点硬景工程质量控制与施工工艺流程

整个园林景观单元中，有铺装、建造、水电等造就的景观工程，称为硬景工程。

一、砖及石材砖铺装质量控制

（1）各种铺装材料面层要表面洁净、图案清晰、色泽一致、接缝均匀、周边顺直，板块无裂纹、掉角和缺棱现象。质量必须符合设计要求。

（2）铺装材料应按颜色和花型分类，有裂缝、掉角或表面上有缺陷的应取出替换，标号、品种不同的材料不得混杂使用。

（3）将砖沿铺装纵、横两个方向按尺寸排好，缝宽以不大于3mm［图1–75（a）］为宜，当尺寸不足整块砖的倍数时可裁割半块砖用于边角处；尺寸相差较小时，可调整缝隙，根据已确定后的砖数和缝宽，严格控制好方正［图1–75（b）］。

（a）将砖沿铺装纵、横两个方向按尺寸排好，缝宽以不大于3mm为宜

（b）根据确定的砖数和缝宽控制方正效果

图1–75　铺装要求

（4）拨缝、修整，将已铺好的砖块，拉线修整拨缝，将缝找直（图1–76），并将缝内多余的砂浆扫出，将砖拍实。地面铺装坡度符合设计要求，不倒泛水，无积水，与排水口结合处严密牢固。

（5）各种面层邻接处的镶边用料尺寸符合设计要求和施工规范规定，边角整齐、光滑。

（6）表面平整度控制在3mm内，使用2m靠尺检查。

（7）缝格的平直控制在3mm内，按5m拉线检查，不足5m，拉通线检查。

（8）相邻砖（板）块间的高低控制在2mm，边角及弧线控制在3mm之内。

（9）收边材料接口要求切口顺直，对于直型接缝处的切割材料，按45°、1/4块控制、拼接。

图1-76 拨缝、修整，即将已铺好的砖块，拉线修整拨缝，将缝找直

（10）弧线接口的弧线流畅、圆滑，不允许出现较明显的折角、外突现象；接口处铺装材料按弧长均等放样等腰切割，不允许单边切割。

二、花岗石铺装质量控制

（1）花岗石板面用料尺寸准确，边角整齐，拼接严密，接缝顺直。

（2）面层与基层必须结合牢固，无空鼓。

（3）面层所用板块的品种、规格、级别、形状、光洁度、颜色和图案必须符合设计要求。

（4）花岗石板块挤靠严密，无缝隙，接缝通直无错缝，表面平整洁净，图案清晰无磨划痕，周边顺直方正。表面平整度2mm，用2m靠尺和楔形塞尺检查，板块间隙宽度不大于2mm。

（5）坡度符合设计要求，不倒泛水，无积水，与收水口处结合地严密牢固。

（6）碎拼花岗石颜色协调，间隙适宜美观，板块大小适中，以不规则五边型为主，每个接缝点以不超过三块石材为宜，无裂缝和磨纹，表面平整。弧线收边流畅、美观，不允许出现明显的凹凸感，石材的接缝严密，不允许出现石材的缝隙大小不均匀现象。

（7）转角收边石材根据弧线的长度及角度，现场放样排列后切割，不允许出现单边切割形式，弧线段内不允许出现小边、小料的现象。

（8）同心圆类形式铺装：

①按设计要求，石材按半径弧长等分加工，保持相同半径内的石材大小规格一致，做到弧线流畅、美观；放射形铺装缝对齐，并且缝的大小均匀一致。

②组合材料的拼接按设计要求留缝控制，使结合处流畅、自然（图 1–77）。

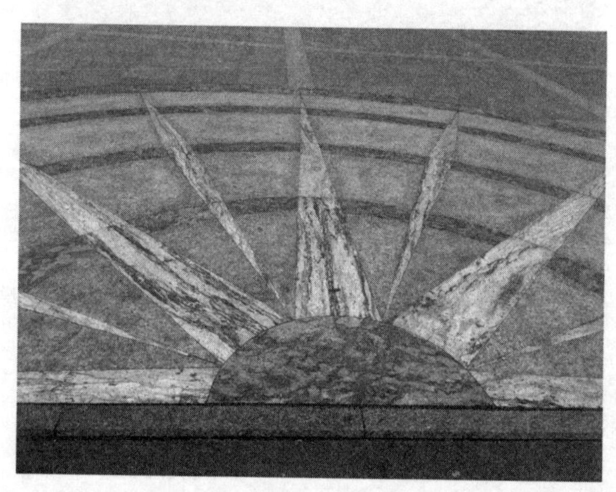

图 1–77　同心圆类形式铺装，组合材料结合处流畅、自然

（9）铺装面收水口的处理：地表排水口要根据地面的排水坡度和标高设置，排水位置应设置在最低点，盖板相对于周边的铺装低 6mm；地面的排水口必须与整体铺装统一，材料切割的对称性（图 1–78）和周边材料的拼接方式都应作为施工的细部重点把控。

（10）景观置石和铺装道路的处理：景观石作为效果的定睛材料，设置没有固定的模式，主要体现自然、美观。铺装面的结合，不能刻意追求一种形式，按自然界自然形态展现，一定要营造出“石头原本就在这里”的效果（图 1–79）。

图 1–78 铺装面收水口位置设置在最低点，盖板铺装相比周围低 6mm

图 1–79 景观置石和铺装道路的处理

三、花岗石立面墙的施工质量控制

1. 干挂质量控制

（1）饰面石材板的品种、防腐性、规格、形状、平整度、几何尺寸、光洁度、颜色和图案等必须符合设计要求。

（2）面层与基底应安装牢固；粘贴用料、干挂配件必须符合设计要求和国家现行有关标准的规定，碳钢配件须做防锈、防腐处理。

（3）表面平整、洁净；拼花正确、纹理清晰通顺，颜色均匀一致；非整板部位安排适宜，阴阳角处的板压实。

（4）缝格均匀，板缝通顺，接缝填嵌密实，宽窄一致，无错台错位。

（5）突出物周围的板采取整板套割的方式，尺寸准确，边缘吻合整齐、平顺，墙裙线平直（图 1–80）。

2. 湿贴质量控制

（1）饰面板的品种、规格、颜色、图案等必须符合设计要求和有关标准的规定。

（2）饰面板安装（镶贴）必须牢固，严禁空鼓，无歪斜、缺棱掉角和裂缝等缺陷。

（3）表面平整、洁净，颜色协调一致。

（4）接缝填嵌密实、平直，宽窄一致，颜色一致，阴阳角处板压向正确。

（5）套割用整板套割吻合，边缘整齐（图 1–81）。

图 1-80　花岗石立面墙干挂

图 1-81　花岗石立面墙湿贴

四、木地面施工质量控制

（1）木搁栅、垫木等必须做防腐处理，木搁栅的安装必须牢固、平直。在混凝土基层上铺设木搁栅，其间距和稳固方法必须符合设计要求。

（2）各种木质板面层必须辅钉牢固、无松动，粘贴使用的胶必须符合设计要求。

（3）木板面层刨平磨光，无刨痕茬和毛刺等现象，图案清晰美观，清油面层颜色均匀一致。

（4）条形木板面层接缝缝隙严密，接头位置错开，表面干净，拼缝平直方正。拼花木板面层，接缝严密，粘钉牢固，表面洁净，黏结处无溢胶，板块排列合理、美观，镶边宽度一致（图 1-82）。

图 1-82　木地面铺设整体效果

（5）挂板的铺设接缝严密，表面平整光滑，高度、出墙厚度一致，接缝排列合理美观，上口平直，割角准确。

（6）同心圆及弧形按设计要求加工，板材按半径弧长等分加工，保持相同半径内的木材大小规格一致，做到弧线流畅、美观；放射形铺装缝对齐，并且缝的大小均匀一致。

（7）木地板表面油漆均匀不露底，光滑明亮，色泽一致，厚薄均匀，木纹清晰，表面洁净。

五、水洗石地面施工质量控制

（1）基层表面的污染物要清理干净，收边材料施工完成后再清理基层，按水洗石粒径的4倍（不小于15mm、不大于25mm）预留面层位置进行1∶3水泥砂浆找平施工，找平厚度超过25mm采用C25细石砼找平，找平层的膨胀缝设置和基层的膨胀缝对应对齐；膨胀缝的长设置不超过3米。

（2）选用粒径饱满、圆润的材料。

（3）施料拌和均匀，水泥按1∶3配料；根据设计对颜色的要求，适当地加颜料调配，保证整体效果的统一性。

（4）摊铺压实后，初凝到一定强度可进行清洗。清洗程度以石子外露不超过石子粒径的1/5为宜，以保证石子的连接强度（图1–83）。

（a）水洗石地面效果

（b）水洗石地面效果

图1–83 水洗石地面施工

六、花池矮墙压顶施工质量控制

（1）石材的规格、颜色符合设计要求，厚度一致。

（2）接口严密，线条流畅（图1–84）。

（3）规格大小一致，相邻的石材间高差小于2mm。

图 1–84　花池矮墙压顶接口严密，线条流畅

七、景观跌水施工质量控制

（1）钢筋的数量、规格、定位、保护层厚度应符合设计及规范要求。

（2）防水混凝土的结构厚度满足设计要求，穿越防水层的模板拉杆应使用止水螺杆。

（3）防水混凝土的原材料配合比及坍落度必须符合设计要求，应一次浇筑到位，不得留施工缝，应振捣密实，预埋的管道无移位现象。

（4）砼表观质量验收合格后，应组织进行养水试验，养水时间不少于 50 小时。

（5）涂刷防水层的基层表面不得残留灰浆硬块，突出部分铲平、扫净、压光，阴阳角处应抹成圆弧或钝角。

（6）涂刷防水层的基层表面应保持干燥、平整、牢固， 不得有空鼓、开裂及起砂等缺陷。景观跌水质量效果见图 1–85。

图 1–85　景观跌水质量效果

八、水景驳岸的施工质量控制

（1）清理现场石块杂物、挡土墙表面的泥垢。

（2）根据设计造坡改变湖岸的边际线，使之与湖岸有高低起伏的变化。在大致修整成形后，采用 1 : 3 的灰土拌和压实，作为驳岸石的基础。

（3）石材的试摆在需设置石林的地方铺散 80 ~ 100mm 厚的粗砂，以减少对石料边角的损伤，选择石材的较佳观赏面进行摆放（图 1–86）。

图 1–86　石材的较佳观赏面向着观赏方向摆放

（4）砂浆的调制在确定好石料的观赏面后起开石料，铺设砂浆，灰缝厚度宜为 20 ~ 30mm，砂浆应饱满，石块间不得有相互接触现象发生。

（5）勾缝及石粉密缝应随砌、随划缝，划缝深度为 10 ~ 15mm，深浅一致，墙面清扫干净。外露部分选取相应的石粉密缝。水景驳岸质量效果见图 1–87。

（a）水景驳岸质量效果

（b）水景驳岸质量效果

图 1–87　水景驳岸施工

九、石材挡墙施工质量控制

（1）自然石接缝自然、密实，观赏面朝外，砌筑宜下大上小，逐层递减，上下错缝搭接。

（2）破面及砂浆不得外露，不允许用小块石、破残石塞缝，保证外立面美观。

（3）挡墙内块石分层坐浆饱满，砂浆饱度不小于85%；墙身内块石错缝咬合，不能出现通缝断层现象。石材挡墙景观效果见图1-88。

（a）石材挡墙景观效果

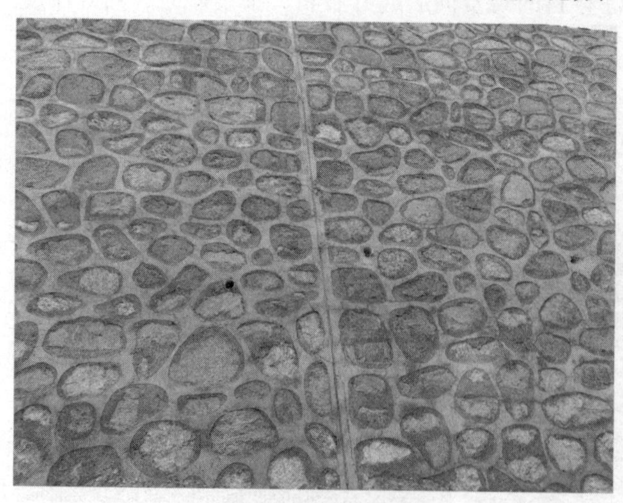

（b）石材挡墙景观效果

（c）石材挡墙景观效果

图1-88　石材挡墙施工

十、假山叠石施工质量控制

（1）施工放样应按设计平面图，经复核无误后方可施工。

（2）基础开挖表面应低于近旁土面或路面20cm。

（3）叠石和景石布置：

①假山、叠石、山洞、台基、峰石等应在基础的范围内，先作轮廓放样，再进行起脚。

②峰石应形态完美，具有观赏价值。叠石或景石放置时，应注意主面方向，掌握重心，组合假山及峰石时，每块景石连接处以山石本身的相互嵌合为主，同时，应用铁件或块石塞实，空隙用C20～C25混凝土灌实，使堆叠与填塞、浇捣交叉进行，确保安全稳固。

③假山、叠石或景石堆置处，其山势和造型应达到设计图和设计说明的要求，具有整体感。

④洞壁凹凸面不得影响游人安全，洞内应注意采光，不得积水。

⑤假山登山道的走向应自然，踏步铺设应平整、牢固，高度不大于25cm，宽度不小于35cm。

⑥瀑布出水口要自然。

⑦溪流景石的自然驳岸应体现溪流的自然感，与周边环境协调；汀步安置应稳固，面平整，汀石间距为45～50cm。

⑧水池、池岸景石自然驳岸，或景石堆置和散置，其造型应体现自然，位置定点、石料选择、纹理、折皱处理应与环境、水面、绿地相协调。

⑨悬挂、临空俯视之石，必须严格控制该石重量及悬尺寸，压脚石应确保悬吊部分的平衡，必要时应采取预埋铁件进行钩、托等多种技术施工，确保牢固。

⑩假山、叠石和景石布置后的石块间缝隙，先经混凝土或铁件、石质材料填塞、嵌实，再以1∶2的水泥砂浆进行勾缝；露面缝宽应小于1cm，并达到平整；假山、叠石和景石景观效果见图1–89。

（a）假山、叠石和景石景观效果

（b）假山、叠石和景石景观效果

（c）假山、叠石和景石景观效果

（d）汀步安置应稳固，面平整，汀石间距为 45～50cm

（e）景石堆置和散置造型应自然，与环境、水面、绿地相协调

图 1-89　假山叠石施工

第六节 工程进度与安全文明施工控制

施工进度计划是施工组织设计的关键内容，是控制工程施工进度和工程施工期限等各项施工活动的依据。施工进度控制是否合理，直接影响施工速度、成本和质量，它是保证建设工程按合同规定的期限交付使用的重要保证（表 1–13）。

表 1–13 工程进度控制

项目名称	开始时间	完成时间 2019.04.20	工期 /天	2月		3月						4月					
				25	28	5	10	15	20	25	30	5	10	15	20	25	30
进场准备	2019.02.25	2019.03.10	14														
原有灌木梳理	2019.02.26	2019.03.12	15														
原有乔木修剪	2019.02.28	2019.03.20	21														
给水施工	2019.03.04	2019.03.31	28														
硬质景观施工	2019.03.10	2019.03.31	22														
栏杆基础施工	2019.03.10	2019.03.20	11														
绿地整理	2019.03.15	2019.04.14	31														
苗木订购	2019.03.01	2019.04.20	51														
大乔木种植	2019.03.20	2019.04.10	22														
中乔木种植	2019.03.25	2019.04.13	20														
小乔木种植	2019.03.31	2019.04.17	18														
灌木种植	2019.04.04	2019.04.22	19														
树池箅子安装	2019.04.14	2019.04.20	7														
栏杆安装	2019.04.04	2019.04.20	17														
景观小品安装	2019.04.01	2019.04.10	10														
进场苗木修剪	2019.04.10	2019.04.21	12														
摆时令花卉	2019.04.12	2019.04.22	11														
铺草皮	2019.04.08	2019.04.24	17														
清理场地	2019.04.12	2019.04.24	13														
竣工验收	2019.04.23	2019.04.28	6														
养护	2019.04.25																

安全文明施工是在劳动生产过程中确保人身、设备、交通、机械等安全的一系列活动，旨在确保施工安全，减少人员伤亡。成立安全文明施工管理组织机构（图 1-90），规范安全文明施工控制程序（图 1-91），是保证工程质量、提升企业形象、提高市场竞争力、企业盈利能力、企业经济效益的基本保证。

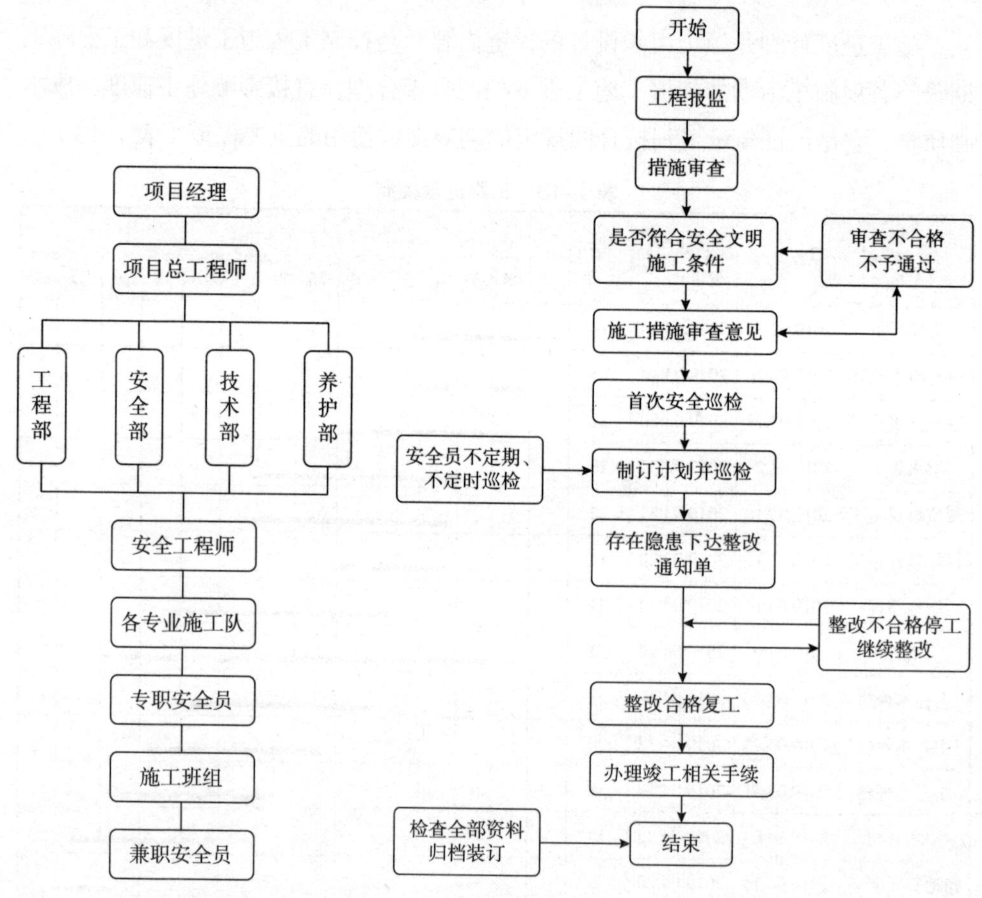

图 1-90 安全文明施工管理组织机构

图 1-91 安全文明施工控制程序

第二章 绿化苗木养护管理

第一节 苗木养护标准

1. 草坪的养护

（1）生长旺盛，无大面积枯黄，无斑秃，修剪适时适度，表面平整，剪纹美观。

（2）草高度保持在 8 ~ 10cm，无枯草层，厚度控制合理。

2. 地被植物的养护

（1）植株生长旺盛，叶色正常。地被植物修剪后顶面平整、线条美观，边缘修剪成倒圆角；不同地被植物有明显分割线，宽度控制在 10cm 左右，线型流畅。

（2）外层地被植物高度控制在 10 ~ 20cm，里层地被植物间高差控制在 10 ~ 15cm。

3. 灌木的养护

（1）造型树修剪层次清晰，无过度修剪，保持外型轮廓清楚。

（2）球形灌木修剪圆顺、丰满。

4. 时令花卉的养护

（1）花植株健壮，花钵内植株生长旺盛，株形丰满、姿态匀称优美。

（2）无裸露营养塑料袋，最外层能套盆摆放；能脱袋栽植，无缺株、杂草、杂物。

5. 乔木组团的养护

（1）景观节点的主景大乔木树冠完整美观，无明显枯死枝杈。

（2）多品种栽植的灌木丛，能突出主栽品种，并留出适当生长空间。

第二节　主要生物危害与病虫害防治

具有直接或潜在危害的因子，都能通过直接危害的方式影响园林植物的正常生长发育。

一、主要生物危害的防治

1. 柳絮

危害：柳絮漫天飞舞，致使很多人会出现过敏现象。飞絮可能堵塞汽车水箱散热片使汽车易开锅熄火，遮挡行人、车辆出行视线从而影响交通安全（图2–1）。飞絮是易燃物，接触烟头等易导致火灾的发生，应引起高度重视。

图 2–1　柳絮漫天飞舞

症状：雌性花絮随风飘逸（图 2–2）。

防治方法：注射植缘赤霉酸（图 2–3）。

图 2–2　雌性花絮随风飘逸

图 2–3　注射植缘赤霉酸

2. 日本菟丝子

危害症状：受害植株被细藤缠绕，枝叶紊乱不舒展，常产生缢痕。植株幼苗被日本菟丝子侵害后生长衰弱，进而全株枯死（图 2–4）。

图 2–4　植株被细藤缠绕，枝叶紊乱不舒展

形态特征：红褐色无叶，一年生寄生草本，缺乏根与叶的构造。茎攀缘于植株以吸器附着寄主生存。

种子萌发幼芽无色、丝状，附着在土粒上，另一端形成丝状的菟丝，在空中旋转，碰到寄主就缠绕其上，并在接触处形成吸根，进入寄主组织后的部分细胞组织分化为导管和筛管，与寄主的导管和筛管相连，吸取寄主的养分和水分。上部茎继续伸长，再次形成吸根，茎不断分枝伸长形成吸根，再向四周不断扩大蔓延而使整株寄主都被菟丝子缠绕，导致受害植株因生长不良而全株死亡。

防治方法：

（1）发现菟丝子连同杂草寄毒株受害部位一起消除并销毁。

（2）种子萌发高峰期地面喷 1.5% 五氯酚钠溶液和 2% 扑草净溶液，以后每隔 25 天喷 1 次药，共喷 3 ~ 4 次，以杀死菟丝子幼苗。

二、主要病害的防治

1. 草坪锈病

症状： 发生初期在叶和茎上出现浅黄色斑点，随着病害的发展，病斑数目增多。叶、茎表皮破裂，散发出黄色的夏孢子堆。用手捋一下病叶，手上会有一层锈色的粉状物（图 2–5）。

图 2–5　草坪锈病被害症状

病原： 真菌。病原在病叶上越冬，翌年在温度适宜时，病菌的孢子借风、雨传播到寄主植物上发生侵染。

发生规律： 温度在 20 ~ 30℃时，有利于孢子的形成，夏季高温、高湿，病害迅速发生，大量降雨使病害迅速蔓延。

防治方法： 用多菌灵 400 倍溶液对草坪全面消杀一遍。7 ~ 10 天后改用代森锰锌 500 倍溶液或 25% 粉锈宁 800 ~ 1000 倍溶液进行消杀，7 ~ 10 天再消杀 1 次，连喷 2 ~ 3 次。注意观察疫情。

2. 金边黄杨茎腐病

症状： 初期茎部变为褐色，叶片失绿，嫩梢下垂，叶片不脱落。后期茎部受害部位变黑，皮层皱缩，内皮组织腐烂，生有许多细小的黑色小菌核，同时受害部位迅速发展，病菌侵入木质部，导致全株枯死（图 2–6）。

病原：半知菌纲的病菌。

发生规律：夏季气温上升，病菌侵入苗木茎部为害。高温、低洼地块易暴发。

防治方法：

（1）对种植的小苗采取及时搭遮阴网等降温措施。

（2）及时剪除发病株，集中烧毁。

（3）发病初期用 50% 的多菌灵 500 倍溶液喷洒于发病的茎秆处。7 天 1 次，连续进行 2 ~ 3 次。

（4）发病盛期，在苗木上普遍喷洒 50% 的退菌特粉剂或 500 倍甲基托布津溶液。7 天 1 次，连续进行 3 ~ 4 次。

3. 草坪腐霉病

症状：草皮萌芽出土时受害，出现芽腐、苗腐和幼苗猝倒症状。草根部受侵染，产生褐色腐烂斑块，根系发育不良，病株发育迟缓，分蘖减少，底部叶片变黄，草坪稀疏。在高温、高湿条件下导致根部、根茎部、茎和叶变黄腐烂，草坪上出现黄褐色枯草斑，凌晨有露水时叶上覆盖白色网状菌丝（图 2–7）。

图 2–6　金边黄杨茎腐病被害症状

图 2–7　草坪腐霉病被害症状

病原：真菌性腐霉菌。

发生规律：低凹积水、高温、高湿环境下的草坪易发病。

防治方法：

（1）建植之前应平整土地，黏重土壤需改良，避免雨后积水。

（2）合理灌水，减少根层土壤含水量，掌握不干不浇的原则。

（3）枯草层厚度超过 2cm 及时清除，高温季节有露水时不剪草。

（4）发病初期开始喷洒多菌灵 500 倍溶液或甲基托布津可湿性粉剂 500 倍溶液，隔 7 ~ 10 天喷施 1 次，连续防治喷施 2 ~ 3 次。

4. 狭叶十大功劳灰霉病

症状：整个叶面出现灰白色粉状物。生长季节感病部位出现白色的小粉斑，逐渐扩大为圆形或不规则的灰白色粉斑，严重时灰白色粉斑相互连接成片（图 2–8）。

病原：真菌。

发生规律：病原菌以菌丝体在叶中越冬。翌年病菌随芽萌发而开始活动，侵染幼嫩部位，产生新的病菌孢子，借助风力等方式传播。

防治方法：

（1）剪除病枝、病芽和病叶。

（2）发病初期喷洒可湿性粉剂多菌灵 500 倍溶液或 70% 甲基托布津可湿性粉剂 1000 倍溶液。每隔 7 天喷施 1 次，连续喷施 2 ~ 3 次。

5. 枣疯病

症状：花变成叶，花器退化，花柄延长，萼片、花瓣、雄蕊均变成小叶，雌蕊转化为小枝。芽大部分萌发成小枝，纤细，节间缩短，呈丛状，叶片小而萎黄。叶片叶肉变黄，叶脉仍呈绿色，叶的边缘向上反卷，变硬、变脆（图 2–9）。

图 2–8　狭叶十大功劳灰霉病被害症状

图 2–9　枣疯病被害症状

病原：介于病毒和细菌之间的多形态质粒。

发生规律：土壤干旱瘠薄及管理粗放的枣园发病严重。

防治方法：清除疯枝，铲除病株。

6. 连翘白粉病

症状：叶片上出现褪绿色黄斑点，其后长有白色粉状霉层，严重时白色粉状物可连片，致使整个叶片呈白色（图 2–10）。

病原：真菌。

发生规律：6 月开始发病，秋后形成闭囊壳越冬。

防治方法：

（1）清除病源，及时清扫病叶和落叶，并烧毁。

（2）加强管理，树木种植不宜过密，注意通风透光。

（3）发病初期喷施 8% 菌克毒克水剂 200 倍溶液防治，10 天喷施 1 次，连续喷施 2 ~ 3 次。

7. 银杏轮纹病

症状：病害发生于叶片周缘，逐渐发展成楔形的病斑，褐色或浅褐色，后呈灰褐色。病、健组织交界处有鲜明的黄色带。病害后期，在叶片的正反面产生散生的黑色小点，有时呈轮纹状排列（图 2–11）。

图 2–10 连翘白粉病被害症状

图 2–11 银杏轮纹病被害症状

病原：真菌。

发生规律：7 ~ 8 月开始发病，到秋季病情加重。强风，夏季高温干燥或曝晒较烈的环境，以及植株衰弱，树叶受虫伤较重，病害发生常严重。

防治方法：发病初期喷施 65% 代森锌可湿性粉剂 400 ~ 600 倍溶液或 70%

甲基托布津可湿性粉剂1000～2000倍溶液。10天喷施1次，连续喷施2～3次。

8. 碧桃褐斑穿孔病

症状：叶片出现红褐色小斑，略带环纹，病斑中部干枯脱落，形成穿孔（图2–12）。

病原：真菌。

发生规律：病菌以菌丝体在病落叶上越冬，也可在枝梢病组织内越冬。翌年春季在气温升高和降雨时形成分生孢子，并借风雨传播，浸染叶片、新梢和果实。该病的发生与气候、栽植密度等有关，一般在多雨年份或霉雨季节发病较重；栽培密度过大，通风透光不良，或夏季灌水过多，也是促使该病发生的有利条件。

防治方法：

（1）防止土壤表面积水，对黏重土壤要进行改良；适时修剪整形，剪除病枝，清除病落叶并集中烧毁溶液。

（2）碧桃发芽前可喷洒波美3～5° 石硫合剂。

（3）发病期可喷洒等量式波尔多溶液或65%代森锌600～800倍溶液，每隔7～10天喷洒1次，连续喷洒2～3次。

9. 核桃褐斑病

症状：叶片上出现的凹陷黑褐色病斑，形成焦枯死亡区，后期病部表面散生黑色小粒点，凹陷变成黑色叶面腐烂区（图2–13）。

图2–12　碧桃褐斑穿孔病被害症状

图2–13　核桃褐斑病被害症状

病原：真菌。

发生规律：病原在被害叶片和枝梢上越冬，在适宜温、湿度条件下孢子随风雨传播，侵害植株。

防治方法：

（1）发芽前喷洒波美 3～5° 石硫合剂。

（2）发病期可喷洒等量式波尔多溶液或65%代森锌600～800倍液。每隔7～10天喷洒1次，连续喷洒2～3次。

10. 油松落针病

症状：初期针叶上出现淡绿色小斑纹，后病斑逐渐扩大，变淡褐色，病斑上出现很多小黑粒（图 2–14）。

病原：真菌。

发生规律：夏季孢子借风雨传播浸染。

防治方法：

（1）清除并深埋或烧毁落地病叶，减少病原。

（2）春末夏初向树冠喷洒等量式 100 倍波尔多溶液或敌力脱 1200 倍溶液。

11. 海棠赤星病

症状：叶片表面密生鲜黄色细小点粒，后期病斑周围产生毛状的“赤星”（图 2–15）。

图 2–14 油松落针病被害症状

图 2–15 海棠赤星病被害症状

病原：一种转主寄生在海棠树上形成性孢子和锈孢子，在桧柏上形成冬孢子的真菌。

发生规律：第二年春天形成褐色的冬孢子角，遇降雨或空气极潮湿时膨大，冬孢子萌发产生大量担孢子，随风传播到海棠树上。锈孢子器和锈孢子随风传播到桧柏上，侵害桧柏枝条，以菌丝体在桧柏发病部位越冬

防治方法：

（1）海棠周围 5 公里范围内不种植松柏树苗。

（2）叶期开始，每隔 10 ~ 15 天喷代森锰锌 600 ~ 800 倍溶液，连喷洒 2 ~ 3 次。

12. 黄栌缩叶病

症状：嫩叶卷曲皱缩呈波纹状凹凸，严重时叶片完全变形，厚薄不均，质地松脆（图 2–16）。

病原：真菌。

发生规律：气温低发病严重，温度在 21℃以上时发病较轻。早春低温多雨发病严重。

防治方法：早春花芽露红而未展开前喷 1 次 1 ~ 1.5° 波美度石硫合剂溶液或 1% 波尔多溶液。

13. 法国冬青褐斑病

症状：发病初期在叶表面出现黄褐色小点，逐渐扩大，边缘颜色较浅而整齐，到后期病斑中心变为褐色，上面生有黑点（图 2–17）。

图 2–16　黄栌缩叶病被害症状

图 2–17　法国冬青褐斑病被害症状

病原：真菌。

发生规律：分生孢子经风吹到叶片上浸染。7 ~ 8 月发病危害最严重，9 月时

叶焦枯而脱落。种植过密，温、湿度都较高时，发病更严重。

防治方法：

（1）及时清除病残叶，集中深埋或烧毁。

（2）合理密植，适量增施磷钾肥。

（3）连片浸染发病时，用29%石硫合剂100～200倍溶液喷雾，每隔10～15天喷洒1次，连续喷洒2～3次。

三、主要害虫与防治

1. 葱兰夜蛾

形态特征：幼虫主体黑色，具白色斑点。头部橙黄色，上有黑斑4枚（图2-18）。

生活习性：4～5月产卵。夏季炎热时，幼虫会早晚爬出来取食；喜欢生长在阴潮的环境下，喜欢食葱兰，也危害草坪草，以及其他植物的嫩茎、叶、花薹。

发生规律：该虫年发生5～6代，末代老熟幼虫于11月下旬在寄主植物附近入土，化蛹越冬。翌年4～5月羽化，产卵。幼虫一般喜欢群集于寄主植物丛上取食，所排的粪便也多堆积在寄主植物丛基。夏季炎热时，幼虫早晚取食，白天隐藏，在比较阴潮的林下，则整天取食。幼虫在8月、9月危害最严重。

防治方法：幼虫发生时，选择在早晨或傍晚幼虫出来活动（取食）时喷施氧化乐果800～1000倍溶液。

2. 柑橘凤蝶

形态特征：幼虫黄绿色，臭腺角橙黄色（图2-19）。

图2-18　葱兰夜蛾幼虫形态特征

图2-19　柑橘凤蝶幼虫形态特征

生活习性：以蛹在枝上、叶背等隐蔽处越冬。第1代在7～8月，成虫白天飞翔，中午至黄昏前活动最盛，喜食花蜜。幼虫孵化后先食卵壳，然后食害芽、嫩叶及成叶。幼虫遇惊时伸出臭角发出难闻气味以避敌害。

发生规律：孵化后的幼虫即在芽、叶上取食，白天伏于主脉上，夜间取食叶、芽危害。4龄、5龄则取食较老叶片。分散取食，无聚集行为。

防治方法：

（1）人工捕杀幼虫和蛹。

（2）用敌敌畏或氧化乐果800～1000倍溶液，于幼虫龄期喷洒。

3. 瓜子黄杨绢野螟

形态特征：幼虫初孵时乳白色，化蛹前头部黑褐色，胸足深黄色，腹足淡黄绿色。

危害症状：幼虫食害嫩芽和叶片，常吐丝缀合叶片，于其内取食，受害叶片枯焦，爆发时可将叶片吃光[图2–20（a）]，造成黄杨成株枯死[图2–20（b）]。

发生规律：幼虫孵化后，分散寻找嫩叶取食，初孵幼虫于叶背食害叶肉；2～3龄幼虫吐丝将叶片、嫩枝缀连成巢，于其内食害叶片，使叶片呈缺刻状，3龄后取食范围扩大，食量增加，危害加重，受害严重的植株仅残存丝网、蜕皮、虫粪，少量残存叶边、叶缘等；幼虫昼夜取食危害，4龄后转移危害；性机警，遇到惊动立即隐匿于巢中，老熟后吐丝缀合叶片作茧化蛹。

（a）瓜子黄杨绢野螟幼虫食害嫩芽和叶片

（b）瓜子黄杨绢野螟幼虫造成黄杨成株枯死

图2–20 瓜子黄杨绢野螟

防治方法：

（1）加强检疫：该虫寄主仅限于黄杨科植物，且成虫飞翔力弱，远距离传播主要靠人为的种苗调运。因此把好检疫关，杜绝害虫随苗木调运而扩散，可有效控制该虫蔓延危害。

（2）冬季清除枯枝落叶，消灭越冬虫茧。

（3）越冬幼虫出蛰期和第1代幼虫低龄阶段，喷洒氧化乐果800倍溶液。

4. 华山松大小蠹虫

发生规律：华山松占林分组成低的为害程度大于占林分组成高的，疏密度小的大于疏密度大的；阳坡大于阴坡。纯林为害重，混交林为害轻；地位级高的虫害发生早，为害重，反之虫害发生晚，为害轻；过熟林、成熟林为害重，近熟林次之，中龄林为害轻。

被害症状：受害树在侵入孔处溢出树脂，将虫孔中排出的木屑和粪便凝聚起来，阻断水分和养分的运输使树冠渐变枯黄、落针（图2–21）。

防治方法：输入5倍氯氰菊酯溶液（图2–22）。

图2–21 华山松大小蠹虫受害树冠渐变枯黄，落针

图2–22 输入氯氰菊酯溶液后树势恢复状况

5. 碧桃蚧虫

形态特征：雌成虫和若虫群集固着在枝干上吸食养分。

危害症状：雌虫和幼虫一经羽化，介壳密集重叠终生寄居在枝叶上，造成叶片发黄、枝梢枯萎、树势衰退，被害株发育受阻，枝干或整株死亡（图2–23）。

发生规律：体小，繁殖快，1 年繁殖 2 ~ 7 代，虫体被厚厚的蜡质层所包裹，防治非常困难。

防治方法：人工刷除枝、干上的越冬若虫；对死株进行集中烧毁，彻底消灭虫源，以免传播；加强修剪，通风透光，降低虫害发生率。

6. 红碧桃蚜虫

形态特征：蚜虫虫体细小、柔软，刺吸式口器刺吸汁液。

危害症状：被害叶片皱缩、卷曲、畸形，并分布有黏稠的蜜状排泄物。严重时引起枝叶枯萎甚至整株死亡（图 2–24）。

图 2–23　碧桃蚧虫危害症状

图 2–24　红碧桃蚜虫危害症状

发生规律：蚜虫的繁殖力很强，繁殖代数因种类、气候及营养条件的不同而有较大差异。

防治方法：喷施乐果 1500 倍溶液。

7. 杜鹃花冠网蝽

形态特征：成虫体形扁平，前胸两侧向外突出呈羽片状。前翅、前胸两则和背面叶状突有网状纹（图 2–25）。

若虫初孵白色，后渐变深，3 龄时翅芽明显，外形似成虫。

危害症状：成虫、若虫都群集在叶背面刺吸汁液，受害叶背面出现似被溅污的黑色黏稠物。整个受害叶背面呈锈黄色，正面形成很多苍白色斑点，受害严重时斑点成片，以至全叶失绿，远看一片苍白，提前落叶，不再形成花芽（图 2–26）。

图 2–25 杜鹃花冠网蝽成虫形态特征

（a）杜鹃花冠网蝽叶背面危害症状

（b）杜鹃花冠网蝽受害叶失绿苍白症状

图 2–26 杜鹃花冠网蝽

发生规律：一年发生 4 ~ 5 代。以成虫在枯枝、落叶、杂草、树皮裂缝以及土、石缝隙中越冬。4 月上中旬越冬成虫开始活动，集中到叶背取食和产卵。卵产在叶组织内，上面附有黄褐色胶状物，卵期 15 天左右。成虫期长，产卵期长，世代重叠，各虫态常同时存在。

防治方法：

（1）冬季彻底清除周围的落叶、杂草。

（2）越冬成虫出蛰活动到第一代若虫开始孵化的阶段，喷 10% ~ 20% 拟除虫菊酯 1000 ~ 2000 倍溶液，每隔 10 ~ 15 天喷施 1 次，连续喷施 2 ~ 3 次。

8. 天牛

形态特征：成虫黑色触角 11 节，基部蓝黑色；每个覆翅约有 8 ~ 10 个以上不规则白斑（图 2–27）。幼虫乳白色，无足，前胸背板有凸形纹。

危害症状：幼虫蛀食树干后，从蛀孔向外排出排泄物（图 2–28），受害的木质部被蛀空，树干风折或整株枯死；成虫咬食树叶或小树枝皮和木质部。

图 2–27　天牛成虫形态特征

图 2–28　幼虫蛀食树干后，从蛀孔向外的排泄物

发生规律：4 月气温上升到 10℃以上时，越冬幼虫开始活动为害。初孵化幼虫先在树皮和木质部之间取食，25 ~ 30 天以后开始蛀入木质部，并且向上方蛀食。

防治方法：

（1）用 0.4% 一零五九喷干防治成虫。

（2）幼虫蛀入木质部深处时，用注射器向蛀道内注射氯氰菊酯原液后将蛀孔用黏泥封塞。

9. 柳瘿蚊

危害症状：被害处因受刺激引起组织增生，形成瘿瘤，瘿瘤逐渐增大，导致树势衰弱，甚至枝干枯干（图 2–29）。

发生规律：以幼虫在瘿瘤内越冬。初孵幼虫先在亲代蛹室内取食，随后蛀入韧皮部、形成层内为害。

防治方法：

（1）及时剪除瘿瘤，并集中销毁。

（2）用 40% 氧化乐果 2 倍溶液在树干根部打孔注射。

图 2-29 柳瘿蚊刺激后形成瘿瘤

10. 美国白蛾

形态特征：幼虫孵出吐丝结网，低龄幼虫在网幕内取食叶肉（图 2-30）。

危害症状：受害叶片仅留叶脉呈白膜状且枯黄（图 2-31）。

防治方法：低龄幼虫喷洒 2.5%溴氰菊酯乳油 2500 倍溶液。

图 2-30 幼虫孵出吐丝结网，低龄幼虫在网幕内取食叶肉

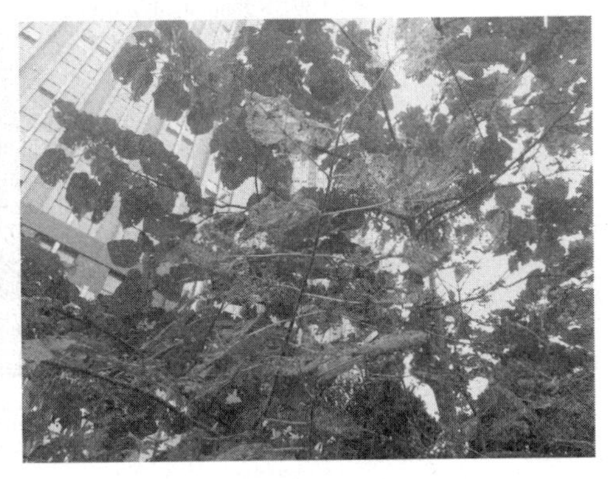

图 2-31 受害叶片仅留叶脉呈白膜状且枯黄

第三节　北方（北京延庆地区）苗木养护工作历

1 月：树木处于休眠状态。

（1）对大乔木、小乔木上的枯枝、伤残枝、病虫枝及妨碍架空线和影响居室光线的枝杈进行修剪。

（2）及时检查园路树绑扎、支撑杆情况，发现松绑、摇晃等情况立即整改。

2 月：树木仍处于休眠状态。继续对大乔木、小乔木的枯枝、病枝进行修剪。

3 月：中旬以后，气温上升，一些树木开始萌芽、吐蕾、献花。

（1）抓紧时机补树。补植前做好规划设计，事先挖好树穴，要做到随挖、随运、随种、随浇水。补植灌木时也应做到随挖、随运、随种，并充分浇水，以提高苗木存活率。

（2）苗木浇返青水（图 2-32）。

图 2-32　苗木浇返青水

（3）本月是防治病虫害的关键时期。以预防为主，用石硫合剂 + 杀虫性农药喷洒进行防治。

4 月：气温继续上升，树木均萌芽、开花或展叶，开始进入生长旺盛期。

（1）继续补植：4 月上旬应抓紧时间补植萌芽晚的树木，对冬季死亡的苗木应及时拔除补种，对新种树木要充分浇水。

（2）对草坪、乔木、灌木结合灌水，追施肥。

（3）剪除冬季干枯的枝条，修剪绿篱（图 2–33）、球类（图 2–34）。

图 2–33 修剪绿篱

图 2–34 修剪球类

（4）防治病虫害：

①蚧壳虫在第二次蜕皮后陆续转移到树皮裂缝内、树干部等处分泌白色蜡质薄茧。可以用硬竹扫帚扫除，然后集中深埋或浸泡。或者采用喷洒杀螟松等农药的方法防治。

②天牛开始活动，可以采用嫁接刀或自制钢丝挑除幼虫，但是伤口要做到越小越好。

③其他病虫害的防治工作。

（5）绿地内养护：注意对大型绿地内的杂草及攀缘植物的挑除，对草坪也要进行挑草及切边工作。

（6）草花：迎五一替换冬季草花，注意做好浇水工作。

（7）其他：做好绿化护栏油漆、清洗、维修等工作。

5 月：气温急骤上升，树木生长迅速。

（1）浇水：树木展叶盛期，需水量很大，应适时浇水。

（2）草坪及时修剪（图 2–35）。

（3）防治病虫害：

①以消杀茎腐病、腐霉病和各种叶部真菌性病害及食叶类害虫为主。

②用多菌灵 800 倍溶液 + 氧化乐果 1200 倍溶液对绿地消杀一遍。

③在本月中、下旬喷洒 10～20 倍的松脂合剂溶液及 50% 的三硫磷乳剂 1500～2000 倍溶液以防治病害及杀死害虫。

6 月：气温高。

（1）浇水：植物需水量大，要及时浇水，不能“看天浇灌”。

（2）施肥：结合松土除草、施肥、浇水以达到最好的效果。

（3）修剪：继续对树进行剥芽除蘖工作，对绿篱、球类及部分花灌木适时修剪。

（4）有大雨天气时要注意低洼处的排水工作（图 2-36）。

图 2-35　草坪及时修剪

图 2-36　大雨天气过后及时排除低洼处的积水

（5）防治病虫害：本月中、下旬瓜子黄杨娟叶螟、刺蛾进入孵化盛期，应及时采取措施防治，主要采用 50% 杀螟松乳剂 500～800 倍溶液喷洒；白粉病、腐霉病、茎腐病、草坪币斑病、锈病等也要及时防治。

（6）做好树木防风前的检查工作，对松动、倾斜的树木保护架进行加固及重新绑扎。

7 月：降水较集中，易发生病虫害。

（1）大雨过后要及时排涝。

（2）在下雨前撒施氮肥等速效肥。

（3）对住宅区与居室有冲突的树枝进行修剪，对支撑逐个检查，发现松垮、不稳的立即扶正绑紧。

（4）防治病虫害：发现苗木草坪白粉病、褐斑病、锈病以及叶甲类、食叶类虫害时及时喷洒多菌灵或甲基托布津、退菌特、百菌清、代森锰锌+胃毒性杀虫剂敌敌畏乳油、乐果乳油、氯氰菊酯等的溶液进行灭杀。

8月：以养护管理为主。

（1）大雨过后，对低洼积水的树穴要及时排涝（图2–37）。

（2）修剪：除一般树木夏修外，要对绿篱进行造型修剪。

（3）中耕除草：杂草生长旺盛，要及时除草，并结合除草进行施肥。

图2–37　低洼积水的树穴及时排出

（4）防治病虫害：蚜虫、巢螟类害虫要及时防治，高温、高湿天气要注意白粉病、草坪褐斑病、锈病及腐烂病的暴发，发现病情要及时采取措施。

9月：气温有所缓解，迎国庆做好相关工作。

（1）绿篱造型修剪，绿地内除草，草坪切边，及时清理死树，做到树木枝青叶绿，绿地干净整齐。

（2）对一些生长较弱、枝条不够充实的树木，追施磷、钾肥。

（3）迎国庆，草花更换，选择颜色鲜艳的草花品种，注意浇水要充足。

（4）喷洒50%多菌灵500倍溶液防止病菌的浸染，做好其他病虫害的防治工作。

（5）节前做好各类绿化设施的检查工作。

10月：气温凉爽，本月下旬进入初冬，落叶树木陆续进入生长期。

（1）做好秋季补植的准备，下旬耐寒树木开始落叶时，可以开始秋补工作。

（2）及时去除死树，及时浇水；绿地、草坪挑草切边工作要做好。

11 月：土壤进入夜降昼升时期。

（1）补植耐寒植物。

（2）浇冬水（图 2–38）。

图 2–38　土壤进入夜降昼升时开始浇冬水

12 月：气温低，开始冬季养护工作。

（1）对有些常绿乔木、灌木进行修剪。

（2）消灭暴露在外的越冬病虫的子实体和虫体。

（3）做好冬季管护工作准备，待落叶植物落叶以后，对养护区进行调查统计各类因素。

第三章 常见园林绿化苗木特性与识别

常见园林绿化苗木有乔木、亚乔木、灌木、藤本、竹子、地被花卉六大类。

第一节 常见园林绿化乔木（100 种）

有一个由根部发生直立独立的主干，树干和树冠有明显区分的木本植物。

1. 大叶白蜡

拉丁学名：Fraxinus americana L. var. juglandifolia Rehd

形态特征：树皮光滑；叶柄基部膨大，顶生小叶明显大（图 3–1）。

生态习性：喜光，耐寒；对土壤要求不严。

2. 小叶白蜡

拉丁学名：Fraxinus sogdiana Bge

形态特征：叶较小，叶上像涂了一层白蜡，光泽闪亮；羽状复叶，翅果倒披针形（图 3–2）。

图 3–1 大叶白蜡

图 3–2 小叶白蜡

生态习性：喜光，喜肥沃深厚湿润土壤；抗旱，较耐大气干旱；耐水湿；在土壤含盐量为0.5%~0.7%时仍能正常生长；在夏季40℃高温和冬季极端低温零下43℃条件下，生长正常。

3. 白皮松

拉丁学名：Pinus bungeana Zucc

形态特征：树皮有不规则的薄块片脱落，露出粉白色的内皮，白、褐色相间呈斑鳞状（图3–3）。

生态习性：喜光、耐旱、耐干燥瘠薄、抗寒力强。

4. 白榆

拉丁学名：Ulmus pumila L

形态特征：叶椭圆状，具不规则锯齿（图3–4）。

生态习性：喜光，耐旱，耐寒，耐瘠薄，不择土壤，萌芽力强，耐修剪，不耐水湿；具抗污染性，叶面滞尘能力强。

图3–3　白皮松

图3–4　白榆

5. 板栗

拉丁学名：Castanea mollissima

形态特征：叶互生，排成2列，边缘有锯齿；雄花序穗状［图3–5（a）］，雌花集生于枝条上部雄花序的基部［图3–5（b）］；壳斗球形［图3–5（c）］。

生态习性：喜欢潮湿的土壤，但又怕雨涝，如果雨量过多，土壤长期积水，极易影响其根系尤其是菌根的生长。

（a）板栗叶、雄花序特征

（b）板栗雌性花着生形态特征

（c）板栗壳斗形态特征

图 3-5 板栗

6. 侧柏

拉丁学名：Platycladus orientalis（Linn.）Franco

形态特征：叶鳞状，小枝扁平［图 3-6（a）］，雌球花近球形，蓝绿色，被白粉［图 3-6（b）］。

生态习性：喜光，较耐寒，抗风力较差；耐干旱，喜湿润，但不耐水淹；耐贫瘠；抗烟尘，抗二氧化硫、氯化氢等有害气体；对土壤要求不严，抗盐碱能力较强，含盐量 0.2% 左右也能适应生长；耐强太阳光照射，耐高温；浅根性，萌芽力强。

（a）侧柏鳞状叶及扁平小枝

（b）雌球花近球形，蓝绿色，被白粉

图 3-6　侧柏

7. 垂枝榆

拉丁学名： Ulmus pumila L. cv. Tenue

形态特征： 枝下垂，叶边缘具重锯齿（图 3-7）。

生态习性： 喜光，抗逆性强。

图 3-7　垂枝榆形态特征

8. 臭椿

拉丁学名： Ailanthus altissima（Mill.）Swingle

形态特征：枝粗壮；偶数羽状复叶，互生，叶总柄基部膨大，有臭味；圆锥花序顶生［图 3–8（a）］；翅果，有扁平膜质的翅［图 3–8（b）］。

生态习性：喜光，不耐阴；适应性强，除黏土外，各种土壤，以及中性、酸性及钙质土壤都能生长，适生于深厚、肥沃、湿润的砂质土壤；耐寒，耐旱，不耐水湿，长期积水会烂根死亡；对烟尘与二氧化硫的抗性较强。

（a）臭椿枝、叶、花序形态特征

（b）扁平膜质的翅果

图 3–8 臭椿

9. 香椿

拉丁学名：Toona sinensis（A. Juss.）Roem

形态特征：偶数羽状复叶，小叶对生边有疏离的小锯齿（图 3–9）。

图 3–9 香椿形态特征

生态习性：喜光，较耐湿。

10. 刺槐

拉丁学名：Robinia pseudoacacia Linn

形态特征：树皮纵裂；枝具托叶性针刺，奇数羽状复叶，互生［图 3-10（a）］；荚果扁平，线状长圆形［图 3-10（b）］。

生态习性：喜光，不耐阴，喜干燥、凉爽气候，较耐干旱、贫瘠，能在中性、石灰性、酸性及轻度碱性土壤上生长。

（a）刺槐形态特征

（b）刺槐荚果形态特征

图 3-10　刺槐

11. 刺楸

拉丁学名：Kalopanax septemlobus （Thunb.）Koidz

形态特征：小枝散生，具粗刺；叶互生，在短枝上簇生（图 3-11）。

生态习性：喜阳光充足和湿润的环境，稍耐阴，耐寒冷。

12. 粗榧

拉丁学名：Cephalotaxus sinensis（Rehd. et Wils.）Li

形态特征：叶条形，排列成两列，中脉明显，下面有 2 条白色气孔带（图 3-12）。

生态习性：幼苗幼树期间需要一定遮阴；大树阴芽力强；较喜温暖，耐阴，较耐寒；萌芽力较强，耐修剪，但不耐移植。

13. 翠柏

拉丁学名：Calocedrus macrolepis Kulz

形态特征：小枝互生；叶鳞形，交互对生；初生叶条状刺形交叉对生，后为

4叶轮生（图3–13）。

生态习性：耐阴，耐旱，耐瘠薄。

图3–11 刺楸形态特征

图3–12 粗榧形态特征

14. 大果榆

拉丁学名：Ulmus macrocarpa Hance

形态特征：叶边缘具大而浅钝的重锯齿，下面有疏毛（图3–14）。

图3–13 翠柏形态特征

图3–14 大果榆叶边缘具大而浅钝的重锯齿

生态习性：喜光，根系发达，侧根萌芽性强；耐寒冷及干旱瘠薄。

15. 灯台树

拉丁学名：Bothrocaryum controversum

形态特征：树枝层层平展，形如灯台（图 3–15）；叶互生，纸质，先端突尖；中脉在上面微凹陷，在下面凸出。

生态习性：喜温暖气候及半阴环境，适应性强，耐寒、耐热，生长快；宜在肥沃、湿润、疏松及排水良好的土壤上生长；移栽宜于早春萌动前或秋季落叶后进行。

16. 杜梨

拉丁学名：Pyrus betulifolia Bunge

形态特征：叶片菱状边缘有粗锐锯齿，幼叶上下两面均密被灰白色绒毛（图 3–16）。

生态习性：适生性强，喜光、耐寒、耐旱、耐涝、耐瘠薄。

17. 杜松

拉丁学名：Juniperus rigida Sieb，et Zucc

形态特征：树冠圆柱形；树皮纵裂呈条片状脱落［图 3–17（a）］；叶三枚轮生，条状刺形［图 3–17（b）］。

图 3–15　灯台树形态特征

图 3–16　杜梨形态特征

生态习性：耐寒，耐干旱瘠薄，适应性强；喜光，较耐阴；喜凉爽温暖气候，耐热，忌积水；耐修剪，易整形；对土壤要求不严，能吸收一定数量的硫和汞；吸尘和隔音。

（a）杜松树冠圆柱形，树皮纵裂呈条片状脱落

（b）叶三枚轮生，条状刺形

图 3-17　杜松

18. 杜英

拉丁学名： Elaeocarpus decipiens Hemsl

形态特征： 叶网脉不明显，边缘有小钝齿［图 3-18（a）］；花白色［图 3-18（b）］。

生态习性： 喜温暖潮湿环境，耐寒性稍差；稍耐阴。

（a）杜英叶网脉不明显，边缘有小钝齿

（b）杜英花白色

图 3-18　杜英

19. 杜仲

拉丁学名： Eucommia ulmoides

形态特征： 单叶互生，有锯齿，羽状脉，老叶表面网脉［图 3-19（a）］，叶撕裂均具银白色胶丝［图 3-19（b）］。

生态习性： 喜阳光充足、温和湿润气候，耐寒，对土壤要求不严。

（a）杜仲形态特征

（b）杜仲叶撕裂具银白色胶丝

图 3-19　杜仲

20. 椴树

拉丁学名： Tilia tuan Szyszyl

形态特征： 叶卵圆形，先端短尖或渐尖，基部单侧心形或斜截形，边缘上半部有疏而小的齿突［图 3-20（a）］；聚伞花序苞片狭窄倒披针形；果实球形，有小突起，被星状茸毛［图 3-20（b）］。

生态习性： 喜光，较耐阴，喜温凉湿润气候。不耐水湿沼泽地，耐寒，抗毒性强。

21. 糠椴

拉丁学名： Tilia mandshurica Rup et Maxim

形态特征： 嫩枝被灰白色星状茸毛，顶芽有茸毛；叶先端短尖，下面密被灰

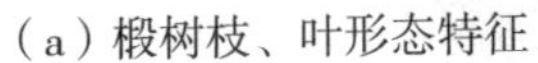

（a）椴树枝、叶形态特征　　（b）果实形态特征

图 3-20　椴树

色星状茸毛（图 3-21）。

生态习性：喜光，较耐阴，喜温凉湿润气候。

22. 蒙椴

拉丁学名：Tilia mongolica Maxim

形态特征：树皮有不规则薄片状脱落；叶先端渐尖 3 裂，边缘有粗锯齿（图 3-22）。

生态习性：喜光，较耐阴，喜温凉湿润气候。

图 3-21　糠椴形态特征

图 3-22　蒙椴形态特征

23. 南京椴

拉丁学名： Tilia miqueliana Maxim

形态特征： 叶卵圆形，先端急短尖，基部心形，边缘有整齐锯齿（图 3–23）。

图 3–23　南京椴形态特征

生态习性： 喜温暖湿润气候，适应能力强，耐干旱瘠薄，对土壤具有改良作用。

24. 紫椴

拉丁学名： Tilia amurensis Rupr

形态特征： 小枝呈“之”字形，叶基部心形，先端尾状尖，边缘具整齐的粗尖锯齿（图 3–24）。

生态习性： 喜温凉、湿润气候，对土壤要求比较严格，喜肥、喜排水良好的湿润土壤，不耐水湿和沼泽地；耐寒，萌蘖性强，抗烟、抗毒性强。

25. 鹅掌楸

拉丁学名： Liriodendron chinense（Hemsl.）Sarg.（Flora of China）

形态特征： 叶马褂状，近基部每边具 1 侧裂片，先端具 2 浅裂（图 3–25）。

生态习性： 喜光，有一定的耐寒性，忌低湿水涝。

图 3-24 紫椴小枝呈“之”字形，叶基部心形，先端尾状尖

图 3-25 鹅掌楸叶马褂状，近基部每边具 1 侧裂片，先端具 2 浅裂

26. 二球悬铃木

拉丁学名： Platanus acerifolia Willd

形态特征： 单叶，互生，掌状脉，掌状分裂；果枝有球形果序，2 个下垂（图 3-26）。

生态习性： 抗逆性强，不择土壤，萌芽力强，很耐重剪，抗烟尘，耐移植，大树移植成活率极高；对城市环境适应性特别强，具有超强的吸收有害气体、抵抗烟尘、隔离噪声能力；耐干旱，生长迅速。

图 3-26 二球悬玲木枝、叶形态特征

27. 枫杨

拉丁学名：Pterocarya stenoptera C. DC

形态特征：叶偶数羽状复叶［图 3–27（a）］，果翅条形［图 3–27（b）］；叶轴具翅，小叶无小叶柄［图 3–27（c）］。

生态习性：喜光，不耐庇荫，但耐水湿、耐寒、耐旱。主、侧根发达，速生性，萌蘖能力强，对二氧化硫、氯气等抗性强，叶片有毒，鱼池附近不宜栽植。

（a）叶偶数羽状复叶

（b）果翅条形

（c）叶轴具翅，小叶无小叶柄

图 3–27　枫杨

28. 凤尾桧

拉丁学名：Sabina. SP

形态特征：人工嫁接，枝似凤尾（图 3–28）。

生态习性： 喜光，喜温凉、温暖气候及湿润土壤。

29. 枸橘

拉丁学名： Poncirus trifoliata

形态特征： 果顶部平而宽，中央凹，有浅放射沟，皮粗糙；分枝多，有棱角，密生粗壮棘刺（图 3-29）。

生态习性： 喜光，较耐寒；喜微酸性土壤，不耐碱；发枝力强，耐修剪；主根浅，须根多。

图 3-28　凤尾桧形态特征

图 3-29　枸橘形态特征

30. 构树

拉丁学名： Broussonetia papyifera（Linn.）L' Hert. ex Vent

形态特征： 叶螺旋状排列，先端渐尖，基部心形，边缘具粗锯齿，幼树叶明显分裂；雌花序球形头状，成熟时橙红色，肉质（图 3-30）。

生态习性： 适应性特强，抗逆性强；根系浅，侧根发达，生长快，萌芽力和分蘖力强，耐修剪；抗污染性强。

31. 合欢

拉丁学名： Albizia julibrissin

形态特征： 二回偶数羽状复叶，小叶 10~30 对，花粉红色（图 3-31）。

生态习性： 喜光，喜温暖，耐寒、耐旱、耐土壤瘠薄，对二氧化硫、氯化氢等有害气体有较强的抗性。

图 3-30　构树形态特征

图 3-31　合欢羽状复叶，花粉红色

32. 胡桃楸

拉丁学名： Juglans mandshuricap

形态特征： 奇数羽状复叶生于萌发条上，叶柄基部膨大，边缘具细锯齿［图 3-32（a）］；果实球状、顶端尖，表面纵棱两条，较显著［图 3-32（b）］。

（a）奇数羽状复叶生于萌发条上，叶柄基部膨大，边缘具细锯齿

（b）果实球状、顶端尖，表面纵棱两条，较显著

图 3-32　胡桃楸

生态习性：喜光，在过于干燥或常年积水过湿的立地条件下生长不良；耐寒，能耐零下40℃的严寒；根蘖和萌芽能力强。

33. 核桃

拉丁学名：Juglans regia L

形态特征：羽状复叶，顶生小叶通常较大，先端渐尖；果实圆形（图3-33）。

生态习性：喜光，耐寒，抗旱、抗病能力强；落叶后至发芽前不宜剪枝，易产生伤流。

34. 华山松

拉丁学名：Pinus armandii Franch

形态特征：叶5针一束，边有细锯齿（图3-34）。

生态习性：喜温和凉爽、湿润气候；耐寒力强，不耐炎热；喜排水良好土壤，不耐盐碱。

图3-33 核桃形态特征

图3-34 华山松形态特征

35. 红豆杉

拉丁学名：Taxus wallichiana var. chinensis（Pilg.）Florin

形态特征：叶条形，螺旋状着生，基部扭转排成二列；种子坚果状（图3-35）。

生态习性：浅根性，主根不明显，侧根发达，是天然珍稀抗癌植物，生长缓慢，再生能力差。

36. 红枫

拉丁学名： Taxus wallichiana var. chinensis（Pilg.）Florin

形态特征： 枝条多细长光滑，偏紫红色；叶掌状，深裂纹，先端尾状尖，缘有重锯齿（图 3-36）。

图 3-35　红豆杉形态特征

图 3-36　红枫形态特征

生态习性： 喜阳光，怕烈日曝晒；较耐寒，稍耐旱，不耐涝。

37. 白桦

拉丁学名： Betula platyphylla Suk

形态特征： 树皮灰白色，成层剥裂［图 3-37（a）］；叶顶端锐尖，边缘具重锯齿［图 3-37（b）］。

生态习性： 喜光，不耐阴；耐严寒，耐瘠薄；萌芽强。

38. 红桦

拉丁学名： Betula albosinensis Burk

形态特征： 树皮紫红色，有光泽呈薄层状剥落，小枝紫红色［图 3-38（a）］；果序梗纤细，小坚果卵形［图 3-38（b）］。

生态习性： 喜光，耐寒，耐旱。

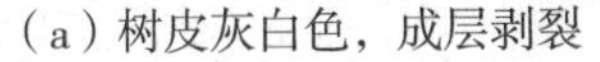
（a）树皮灰白色，成层剥裂

（b）叶顶端锐尖，边缘具重锯齿

图 3-37 白桦

（a）树皮紫红色，有光泽呈薄层状剥落

（b）果序梗纤细，小坚果卵形

图 3-38 红桦

39. 金叶国槐

拉丁学名： Sophora japonica cv.jinye

形态特征： 羽状复叶，全缘；萌发的新叶及后期长出的新叶为金黄色，后期及树冠下部见光少的老叶、枝淡绿色（图 3-39）。

生态习性：喜湿润、肥沃、排水良好的沙壤地，对二氧化硫、烟尘、抗风力强。

40. 金枝国槐

拉丁学名：Sophora japonica 'Golden Stem'

形态特征：叶、枝干为金黄色（图 3-40）。

生态习性：喜光，抗旱、耐寒，耐涝，抗腐烂病，适应性强，栽培成活率高。

图 3-39 金叶国槐形态特征

图 3-40 金枝国槐叶、枝干为金黄色

41. 畸叶槐

拉丁学名：Sophora japonica var.oligophylla

形态特征：小叶 3 ~ 5 簇生，顶生小叶常 3 裂，侧生小叶下部有大裂片（图 3-41）。

生态习性：在石灰性、酸性及轻盐碱土壤上均可正常生长，耐烟尘、耐水湿。

42. 江南红花槐

拉丁学名：Robinia hispida L

形态特征：枝及花梗密被红色刺毛；奇数羽状复叶，茎、小枝、花梗和叶柄均有红色刺毛（图 3-42）。

生态习性：喜光，浅根性，侧根发达。

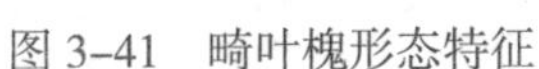

图 3-41 畸叶槐形态特征

图 3-42 江南红花槐形态特征

43. 金叶柏

拉丁学名：Chamaecyparis pisifera 'Filifera Aurea'

形态特征：小枝细长而下垂，鳞叶紧贴，具金黄色叶（图 3-43）。

生态习性：喜光，耐半阴，抗寒耐旱。

44. 金叶复叶槭

拉丁学名：Acer negundo 'Aurea'

形态特征：羽状复叶大，金黄色（图 3-44）。

图 3-43 金叶柏小枝细长而下垂，鳞叶紧贴，具金黄色叶

图 3-44 金叶复叶槭羽状复叶大，金黄色

生态习性：喜光，耐寒，耐旱。

45. 金叶榆

拉丁学名：Ulmus pumila cv.jinye

形态特征：叶片金黄，叶缘具锯齿，互生于枝条上（图 3–45）。

生态习性：耐寒冷、干旱气候，具有极强的适应性，有很强的抗盐碱性。

46. 辽东冷杉

拉丁学名：Abies holophylla Maxim

形态特征：叶条形，背面有 1 条白色气孔带（图 3–46）。

生态习性：耐阴，喜冷湿气候，耐寒。

图 3–45　金叶榆形态特征

图 3–46　辽东冷杉形态特征

47. 流苏

拉丁学名：Chionanthus retusus Lindl.et Paxt

形态特征：叶片先端圆钝，叶缘具睫毛，中脉在上面凹入，下面凸起；果被白粉（图 3–47）。

生态习性：喜光，不耐荫蔽，耐寒、耐旱，忌积水，耐瘠薄，对土壤要求不严，耐盐碱。

48. 金丝垂柳

拉丁学名：Salix vitellina 'Pendula Aurea'

形态特征：枝条细长下垂，小枝金黄色，叶缘有细锯齿（图 3–48）。

生态习性：喜光，较耐寒，性喜水湿，也能耐干旱、耐盐碱；萌芽力强，根系发达，生长迅速。

图 3-47 流苏形态特征

图 3-48 金丝垂柳枝条细长下垂，小枝金黄色，叶缘有细锯齿

49. 旱柳

拉丁学名：Salix matsudana Koidz

形态特征：枝直立；叶披针形，叶缘有细锯齿，齿端有腺体（图 3-49）。

生态习性：喜光，较耐寒，耐干旱；喜湿润排水、通气良好的沙壤土；稍耐盐碱；萌芽力强，根系发达，具内生菌根。

图 3-49 旱柳形态特征

50. 金枝柳

拉丁学名： Chosenia Nakai

形态特征： 枝淡黄色，春季为浅绿黄色（图 3–50）。

生态习性： 喜光，较耐寒，性喜水湿，也能耐干旱，耐盐碱；萌芽力强，根系发达，生长迅速。

51. 馒头柳

拉丁学名： Salix matsudana Var. matsudana f. umbraculifera Rehd

形态特征： 分枝密，端稍整齐，树冠半圆形，状如馒头（图 3–51）。

生态习性： 喜光，耐寒，耐旱，耐水湿，树冠不用修剪。

图 3–50　金枝柳枝淡黄色

图 3–51　馒头柳形态特征

52. 绦柳

拉丁学名： Salix matsudana f.pendula

形态特征： 柳枝细长，柔软下垂（图 3–52）。

生态习性： 喜光，耐寒，耐干旱。

53. 龙柏

拉丁学名： Sabina chinensis（L.）Ant. cv. Kaizuca

形态特征： 枝条螺旋伸展，向上盘曲，好像盘龙姿态，故名“龙柏”；鳞叶排列紧密；球果蓝色，被白色粉（图 3–53）。

生态习性：喜深肥沃的土壤，忌潮湿渍水；喜阳，耐旱力强；主枝延伸性强，侧枝排列紧密，全树婉如双龙抱柱。

图 3–52 绦柳柳枝细长，柔软下垂

图 3–53 龙柏形态特征

54. 龙爪枣

拉丁学名：Ziziphus jujuba Mill. var. jujuba cv. Tortuosa

形态特征：枝条呈“之”字形弯曲，迴还盘转，尤如卧龙（图 3–54）。

生态习性：耐寒、耐旱、耐热、耐涝，对土壤要求不严。

55. 栾树

拉丁学名：Koelreuteria paniculata

形态特征：奇数羽状复叶互生，叶缘粗锯齿状，近基部深裂；花黄色(图 3–55)。

生态习性：喜光，稍耐半阴，对土壤要求不严，耐盐渍性土，耐寒、耐旱、耐瘠薄、耐短期水涝，对风、粉尘、二氧化硫和臭氧均有较强的抗性。

56. 螺旋柏

拉丁学名：Platycladus orientalis（L.）Franco

形态特征：主干向左旋转生长，故称为螺旋柏（图 3–56）。

生态习性：喜光、耐寒，耐旱。

57. 毛白杨

拉丁学名：Populus tomentosa Carr

形态特征：叶互生，先端尖，基部平截或近心形，边缘有复锯齿（图 3–57）。

生态习性：对土壤要求不严，不耐干旱，耐烟尘，抗污染。

图 3-54　龙爪枣形态特征

图 3-55　栾树形态特征

图 3-56　螺旋柏形态特征

图 3-57　毛白杨形态特征

58. 毛泡桐

拉丁学名：Paulownia tomentosa（Thunb.）Steud

形态特征：叶全缘或具 3 ~ 5 浅裂；花冠漏斗状钟形，外面淡紫色［图 3-58

(a)]；蒴果卵圆形，先端锐尖［图 3–58（b）］。

生态习性： 耐寒、耐旱、耐盐碱、耐风沙，抗性很强。

（a）毛泡桐形态特征　　（b）毛泡桐蒴果形态特征

图 3–58　毛泡桐

59. 蒙古栎

拉丁学名： Quercus mongolica Fisch. ex Ledeb. var. mongolicodentata

形态特征： 叶片长倒卵形，基部窄圆形，叶缘具粗齿（图 3–59）。

生态习性： 喜光、耐寒、能抗 –50℃低温，耐干旱、瘠薄。

图 3–59　蒙古栎形态特征

60. 朴树

拉丁学名： Celtis sinensis Pers

形态特征： 一年生枝被密毛；叶互生，先端渐尖，基部圆形；核果单生近球形（图 3-60）。

生态习性： 喜光，稍耐阴，耐寒；对土壤要求不严，耐干旱，亦耐水湿及瘠薄土壤。

61. 七叶树

拉丁学名： Aesculus chinensis Bunge

形态特征： 掌状复叶对生，小叶 7 片，小叶有柄（图 3-61）。

生态习性： 喜光，耐半阴，喜温暖，较耐寒。

图 3-60 朴树形态特征

图 3-61 七叶树掌状复叶

62. 千头椿

拉丁学名： Ailanthus altissima

形态特征： 分枝较多；花序顶生 [图 3-62（a）]；奇数羽状复叶互生或对生，全缘 [图 3-62（b）]。

生态习性： 喜光，耐寒、耐旱、耐瘠薄，也耐轻度盐碱，pH9 以下均能生长，适应性极强。

（a）分枝较多；花序顶生

（b）奇数羽状复叶互生或对生，全缘

图 3-62 千头椿

63. 北美圆柏

拉丁学名： Juniperus virginiana L

形态特征： 枝条直，形成柱状圆锥形树冠；鳞叶排列较疏，菱状卵形（图3-63）。

生态习性： 喜光，喜凉爽湿润的气候，忌水湿。

图 3-63 北美圆柏形态特征

64. 梧桐

拉丁学名： Firmiana platanifolia

形态特征： 树叶青绿色，平滑；叶心形，掌状 3 ~ 5 裂，裂片三角形，顶端渐尖，基部心形（图 3–64）。

生态习性： 喜光，喜温暖气候，不耐寒，不耐水渍；萌芽力弱，发叶较晚。

65. 楸树

拉丁学名： Catalpabungei C.A.Mey

形态特征： 叶三角状卵形，顶端长渐尖，基部截形（图 3–65）。

生态习性： 喜光，较耐寒，不耐干旱、积水，忌地下水位过高，耐烟尘、抗有害气体能力强。

图 3–64　梧桐形态特征

图 3–65　楸树形态特征

66. 日本落叶松

拉丁学名： Larix kaempferi（Lamb.）Carr

形态特征： 枝平展，一年生长枝有白色粉；叶枕形成的环痕特别明显（图 3–66）。

生态习性： 喜光，抗风力差；冬季低温条件下，梢部有冻枯现象发生。

67. 三角枫

拉丁学名： Acer buergerianum Miq

形态特征： 小枝细瘦；叶裂片三角卵形，急尖，侧裂片甚小（图 3–67）。

生态习性： 喜温暖、湿润环境；耐寒，较耐水湿，萌芽力强，根蘖性强。

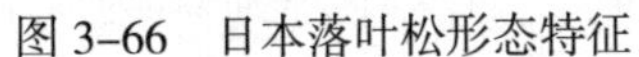
图 3-66 日本落叶松形态特征

图 3-67 三角枫形态特征

68. 龙桑

拉丁学名：Morus alba cv. Tortuosa

形态特征：枝条均呈龙游状扭曲（图 3-68）。

生态习性：喜光，耐寒，对土壤要求不严。

69. 沙枣

拉丁学名：Elaeagnus angustifolia L

形态特征：枝条稠密，具枝刺，嫩枝、叶、花果均被银白色鳞片（图 3-69）。

生态习性：抗旱，抗风沙，耐盐碱，耐贫瘠。

图 3-68 龙桑形态特征

图 3-69 沙枣形态特征

70. 山桃

拉丁学名： Prunus davidiana Franch

形态特征： 干皮紫褐色，有光泽；叶狭卵状披针形，锯齿细尖（图 3–70）。

生态习性： 喜光，耐寒，耐干旱、瘠薄，怕涝。

71. 蜀桧

拉丁学名： Sabina chinensis cv. pyramidalis

形态特征： 鳞叶在小枝上交互对生，紧贴小枝（图 3–71）。

生态习性： 喜光，生长快速，不耐水湿，耐寒、耐干旱、耐瘠薄，忌碱性土壤。

图 3–70　山桃形态特征

图 3–71　蜀桧形态特征

72. 乌桕

拉丁学名： Sapium sebiferum（L.）Roxb

形态特征： 叶互生，菱状倒卵形，顶端骤然紧缩成尖头，全缘（图 3–72）。

生态习性： 对土壤适应性较强，抗风、抗毒气（氟化氢）能力强。

73. 水曲柳

拉丁学名： Fraxinus mandshurica Rupr

形态特征： 羽状复叶，叶柄近基部膨大，小叶着生处具关节，叶缘具细锯齿（图 3–73）。

生态习性： 适合生长在土壤温度较低、含水率偏高的下坡地带。

图 3-72 乌桕形态特征

图 3-73 水曲柳羽状复叶

74. 水杉

拉丁学名： Metasequoia glyptostroboides Hu et Cheng

形态特征： 叶子细长、扁平、下垂（图 3-74）。

生态习性： 喜光，耐贫瘠和干旱，易移栽。

75. 丝棉木

拉丁学名： Euonymus bungeanus

形态特征： 小枝细长，二年生枝四棱，每边各有白色线；叶对生，缘有细锯齿；叶柄细长（图 3-75）。

图 3-74 水杉叶子细长、扁平、下垂

图 3-75 丝棉木形态特征

生态习性：耐寒、耐干旱、耐湿、耐瘠薄，对土壤要求不严；对粉尘的吸滞能力强。

76. 望春玉兰

拉丁学名：Magnolia biondii Pamp

形态特征：小枝细长；叶卵状披针形，先端渐尖（图 3–76）。

生态习性：适应性强，山区、丘陵、平原、城乡、庭院均可栽植。

77. 五角枫

拉丁学名：Acer elegantulum Fang et P. L. Chiu

形态特征：叶基部心形，5 裂，裂深达叶片中部，顶部长尖（图 3–77）。

生态习性：稍耐阴，喜温凉湿润气候，对土壤要求不严。

图 3–76　望春玉兰形态特征

图 3–77　五角枫形态特征

78. 元宝枫

拉丁学名：Acer truncatum Bunge

形态特征：叶掌状五裂，叶基平截形（图 3–78）。

生态习性：耐阴、耐寒性强，对土壤要求不严，吸附粉尘能力较强。

79. 香花槐

拉丁学名：Robinia pseudoacacia cv.idaho

形态特征：小叶组成羽状复叶，花序垂状（图 3–79）。

生态习性：喜光，耐寒、耐干旱瘠薄、耐盐碱，能吸噪声，抗高温。

图 3-78 元宝枫叶掌状五裂，叶基平截形

图 3-79 香花槐形态特征

80. 雪柳

拉丁学名： Fontanesia fortunei Carr

形态特征： 叶先端锐尖，基部楔形，全缘；叶柄上面具沟（图 3-80）。

生态习性： 适应性强，耐瘠薄，萌蘖力强，易分株繁殖。

81. 雪松

拉丁学名： Cedrus deodara（Roxb.）G. Don

形态特征： 叶针状在短枝上呈簇生状（图 3-81）。

生态习性： 喜阳光充足，稍耐阴，耐酸性、微碱土壤。

图 3-80 雪柳形态特征

图 3-81 雪松形态特征

82. 盐肤木

拉丁学名： Rhus chinensis Mill

形态特征： 奇数羽状复叶，叶轴具宽的叶状翅；核果球形，略扁平（图 3–82）。

生态习性： 喜光、喜温暖湿润气候；适应性强，耐寒；对土壤要求不严。

图 3–82　盐肤木形态特征

83. 银杏

拉丁学名： Ginkgo biloba

形态特征： 叶扇形，短枝上的叶常具波状缺刻［图 3–83（a）］；种子核果状，近球形［图 3–83（b）］。

生态习性： 喜光，对气候、土壤的适应性较强，能在高温多雨及雨量稀少、冬季寒冷的地区生长；不耐盐碱、过湿的土壤。

（a）银杏形态特征

（b）银杏种子形态特征

图 3–83　银杏

84. 油松

拉丁学名： Pinus tabulaeformis Carr

形态特征：针叶 2 针一束，边缘有细锯齿（图 3-84）。

生态习性：喜光，耐寒、耐干旱、耐瘠薄，深根性、浅根性，抗瘠薄、抗风。

85. 云片柏

拉丁学名：Chamaecyparis obtuse cv.breviramea

形态特征：小枝片先端圆钝，生鳞叶的小枝薄片状，侧生薄片小枝盖住顶生片状小枝，如层层云状（图 3-85）。

生态习性：不耐寒，喜凉爽湿润气候

图 3-84　针叶 2 针一束，边缘有细锯齿

图 3-85　云片柏形态特征

86. 青海云杉

拉丁学名：Picea crassifolia Kom

形态特征：叶较粗，四棱状条形，两侧之叶向上弯伸（图 3-86）。

生态习性：适应性强，耐旱、耐瘠薄，忌水涝。

87. 白芊云杉

拉丁学名：Picea meyeri Rehd.ex Wils

形态特征：侧枝叶由两侧向上弯伸，四棱状线形，背面每侧有极明显气孔线 4~5 条，粉白色（图 3-87）。

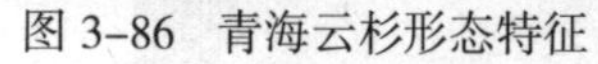

图 3-86　青海云杉形态特征

图 3-87　白芊云杉形态特征

生态习性：耐阴、耐寒，喜欢凉爽湿润的气候，在排水良好的微酸性沙质土壤中生长良好。

88. 青芊云杉

拉丁学名：Picea wilsonii Mast

形态特征：叶排列较密，在小枝上部向前伸展，小枝下面之叶向两侧伸展，四棱状条形微弯（图 3-88）。

生态习性：

耐荫，喜温凉气候及湿润、排水良好的酸性土壤，适应性较强。

89. 日本云杉

拉丁学名：Picea polita Carr

形态特征：小叶呈针状，密生，相对并不对齐排列于枝条上（图 3-89）。

生态习性：喜光，稍耐阴，耐寒、耐旱，对土壤的要求不严。

90. 枣

拉丁学名：Zizyphus jujuba

形态特征：长枝呈“之”字形弯曲，具托叶刺（图 3-90）。

生态习性：抗旱，耐贫瘠，生长慢。

91. 皂角

拉丁学名：Gleditsia sinensis

形态特征：小枝呈分枝状刺，羽状复叶，缘具细圆锯齿（图 3-91）。

生态习性：喜光，稍耐阴，耐寒冷和干旱，对土壤要求不严。

图 3-88 青芊云杉形态特征

图 3-89 日本云杉形态特征

图 3-90 枣形态特征

图 3-91 皂角形态特征

92. 樟子松

拉丁学名： Pinus sylvestris var. mongolica Litv

形态特征： 叶两针一束。冬季叶变为黄绿色（图 3–92）。

生态习性： 耐贫瘠和风沙，耐盐碱。

93. 垂柳

拉丁学名： Salix babylonica

形态特征： 细枝下垂，叶线状披针形（图 3–93）。

生态习性： 喜光，耐寒，特耐水湿。

图 3–92　樟子松形态特征

图 3–93　垂柳形态特征

94. 长白松

拉丁学名： Pinus sylvestris L. var. sylvestriformis（Takenouchi）Cheng et C. D. Chup

形态特征： 树干通直，树皮裂成鳞状薄片剥落［图 3–94（a）］；叶两枚针一束［图 3–94（b）］。

生态习性： 喜光性强，耐一定干旱。

95. 梓树

拉丁学名： Catalpa ovata G. Don.（Flora of China）

形态特征：叶对生或近于对生，有时轮生，叶阔卵形，长宽近相等，长约25cm，顶端渐尖，基部心形，全缘或浅波状，常3浅裂；圆锥花序顶生（图3–95）。

生态习性：喜温暖，耐寒，不耐干旱瘠薄；抗污染能力强。

（a）长白松树干通直，树皮裂成鳞状薄片剥落

（b）长白松叶两针一束

图3–94　长白松

96. 马尾松

拉丁学名：Pinus massoniana Lamb

形态特征：针叶两针一束，细柔，微扭曲，边缘有细锯齿（图3–96）。

生态习性：喜光、喜温，不耐庇荫；根系发达，有根菌；对土壤要求不严格，喜微酸性土壤，怕水涝，不耐盐碱。

97. 新疆杨

拉丁学名：Populus alba var. pyramidalis Bge

形态特征：叶掌状深裂，背面、嫩枝被白色绒毛（图3–97）。

生态习性：喜光，抗干旱、抗风、抗烟尘，较耐盐碱。

98. 槐

拉丁学名：Sophora japonica Linn

形态特征：羽状复叶，叶柄基部膨大，小叶对生，先端渐尖（图3–98）。

生态习性：喜光稍耐阴，耐寒，耐旱。

图 3-95　梓树形态特征

图 3-96　马尾松形态特征

图 3-97　新疆杨叶掌状深裂，背面被白色绒毛

图3-98　槐羽状复叶，叶柄基部膨大，小叶对生，先端渐尖

99. 龙爪槐

拉丁学名： Sophora japonica Linn. Var japonica f. Pendula Hort

形态特征： 小枝柔软下垂，树冠如伞［图 3-99（a）］，枝条呈蟠状，上部盘曲如龙［图 3-99（b）］。

生态习性：喜光，稍耐阴，能适应干冷气候。

（a）龙爪槐小枝柔软下垂，树冠如伞　　（b）枝条构成盘状，上部盘曲如龙

图 3-99　龙爪槐

100. 银红槭

拉丁学名：Acer Saccharinum

形态特征：叶片大而多裂；春叶嫩绿，秋叶亮红色（图 3-100）。

生态习性：较耐阴，避免日光直射，秋季红叶宜充分日照。

图 3-100　银红槭形态特征

第二节　常见园林绿化亚乔木（38种）

亚乔木有明显的主干，但高度比大乔木略矮的一类木本苗木。

1. 八棱海棠

拉丁学名： Malus robusta（CarriŠre）Rehder

形态特征： 叶卵圆形，先端急尖，边缘细钝锯齿（图3-101）。

生态习性： 适应性和抗逆性较强，耐干旱和湿涝，耐盐碱力较强，抗寒力强。

图3-101　八棱海棠叶形态特征

2. 白花碧桃

拉丁学名： Prunus davidiana 'Albo-plena'

形态特征： 花白色，复瓣，梅花型［图3-102（a）］；叶绿色，叶缘细锯齿［图3-102（b）］。

生态习性： 喜光，耐寒、耐旱，较耐盐碱，忌水湿。

（a）花白色，复瓣，梅花型

（b）叶绿色，叶缘细锯齿

图3-102　白花碧桃

3. 齿叶白鹃梅

拉丁学名：Exochorda serratifolia S. Moore

形态特征：叶先端急尖或圆钝，基部楔形或宽楔形，中部以上有锐锯齿，下面全缘，老叶羽状网脉；果具脊棱（图 3–103）。

生态习性：喜光，耐半阴，耐寒、耐旱，对土壤要求不严，耐瘠薄。

4. 垂枝碧桃

拉丁学名：Amygdalus persica L. var. persica f. pendu–la Dipp

形态特征：小枝细长，叶披针形，边具细锯齿；果向阳面具红晕，外面密被短柔毛，腹缝明显（图 3–104）。

生态习性：喜光，耐旱，喜排水良好的地势，耐寒能力较差。

图 3–103 齿叶白鹃梅形态特征

图 3–104 垂枝碧桃形态特征

5. 暴马丁香

拉丁学名：Syringa reticulata（Blume）H. Hara var. amurensis（Rupr.）J. S. Pringle

形态特征：叶长圆状披针形，先端短尾尖，基部圆形；花序多对着生于同一枝条上，花冠白色（图 3–105）。

生态习性：喜光，喜温暖、湿润及阳光充足，稍耐阴；对土壤的要求不严，耐瘠薄。

6. 北京丁香

拉丁学名： Syringa pekinensis Rupr

形态特征： 小枝细长，具显著皮孔；叶先端锐尖（图 3–106）。

生态习性： 喜阳，稍耐阴，耐寒、耐旱、耐高温。

图 3–105　暴马丁香形态特征

图 3–106　北京丁香形态特征

7. 鹅耳枥

拉丁学名： Carpinus turczaninowii Hance

形态特征： 叶顶端渐尖，边缘具规则的重锯齿（图 3–107）。

图 3–107　鹅耳枥叶顶端渐尖，边缘具规则的重锯齿

生态习性：耐贫瘠、寒冷。

8. 垂丝海棠

拉丁学名：Malus halliana Koehne

形态特征：小枝细弱，紫色；叶先端长渐尖，锯齿细钝或近全缘；花梗细弱下垂（图 3–108）。

图 3–108　垂丝海棠形态特征

生态习性：喜阳光，不耐阴，不太耐寒，爱温暖湿润环境，不耐水涝。

9. 柑橘

拉丁学名：Citrus reticulata Blanco

形态特征：叶顶端有凹口，叶缘圆裂齿；果皮粗糙（图 3–109）。

生态习性：对土壤的适应范围较广，根系生长要求较高的含氧量和排水良好的土壤。

10. 高原之火海棠

拉丁学名：Malus spectabilis (Ait) Borkh

形态特征：叶片长椭圆形，先端急尖，锯齿钝；花蕾深红色（图 3–110）。

生态习性：喜阳光，不耐阴，忌水湿；对严寒及干旱气候有较强的适应性。

11. 桂花

拉丁学名：Osmanthus sp

形态特征：叶片椭圆状披针形，半部具细锯齿；花序簇生，花冠橘红色（图 3-111）。

生态习性：喜温暖，抗逆性强，既耐高温，也较耐寒，耐干旱；对氯气、二氧化硫等有害气体有一定的抗性，有较强的吸滞粉尘的能力。

图 3-109　柑橘形态特征

图 3-110　高原之火海棠形态特征

12. 红栌

拉丁学名：Cotinus coggygria 'Royal Purple'

形态特征：一年中有三季，叶色随着季节而变化（图 3-112）。

生态习性：喜光，耐半阴，耐寒、耐旱、耐贫瘠、耐盐碱土，不耐水湿。

图 3-111　桂花形态特征

图 3-112　红栌形态特征

13. 花椒

拉丁学名： Zanthoxylum bungeanum Maxim

形态特征： 枝有短刺，刺基部宽而扁呈三角形（图 3–113）。

生态习性： 萌蘖性强，耐寒、耐旱，喜阳光，抗病能力强，隐芽寿命长，不耐涝。

14. 花楸

拉丁学名： Sorbus pohuashanensis

形态特征： 奇数羽状复叶，基部和顶部的小叶片稍小，先端短渐尖，边缘有细锐锯齿（图 3–114）。

生态习性： 性喜湿润土壤，耐湿、耐瘠薄、耐寒冷。

图 3–113 花椒形态特征

图 3–114 花楸形态特征

15. 黄栌

拉丁学名： Cotinus coggygria Scop

形态特征： 单叶互生，叶片全缘倒卵形（图 3–115）。

生态习性： 喜光，也耐半阴；耐寒，耐干旱瘠薄和碱性土壤，不耐水湿；对二氧化硫有较强抗性；秋季叶色变黄，逐渐变红。

16. 火炬树

拉丁学名： Rhus typhina Nutt

形态特征： 小枝密生灰色茸毛；奇数羽状复叶，缘有锯齿，先端长渐尖；核果深红色，密生绒毛，花柱密集呈火炬形（图 3–116）。

生态习性： 喜光，耐寒，对土壤适应性强，耐干旱瘠薄、耐水湿、耐盐碱；根系发达，萌蘖性强。

图 3–115　黄栌单叶互生，叶片全缘倒卵形

图 3–116　火炬树形态特征

17. 蓝花楹

拉丁学名： Jacaranda mimosifolia D. Don

形态特征： 羽状复叶对生，羽片有小叶；小叶顶端急尖，全缘（图 3–117）。

生态习性： 喜温暖湿润、阳光充足的环境，不耐霜雪；对土壤条件要求不严。

18. 柠檬

拉丁学名： Citrus limon（L.）Burm. f

形态特征： 枝少刺，叶片椭圆形，顶部短尖，边缘有明显钝裂齿；果椭圆形，两端狭窄，顶部较狭长并有乳头状突尖（图 3–118）。

生态习性： 喜温暖，耐阴，不耐寒，怕热。

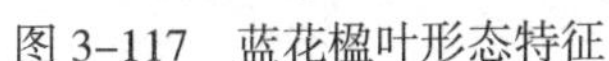

图 3–117　蓝花楹叶形态特征

图 3–118　柠檬形态特征

19. 李子

拉丁学名： Prunus Salicina Lindl

形态特征： 单叶互生，先端短尖，缘具尖细锯齿；果腹缝线上微见沟纹，微被白色粉（图 3–119）。

生态习性： 喜光，稍耐阴，抗寒，怕盐碱和涝洼；浅根性，萌蘖性强；对有害气体有一定的抗性。

20. 毛樱桃

拉丁学名： Cerasus tomentosa（Thunb.）Wall

形态特征： 嫩枝密被绒毛；叶片先端急尖，边有粗锐锯齿；核果红色，核表面有棱脊，两侧有纵沟（图 3–120）。

生态习性： 喜光、喜温、喜湿、喜肥，不抗旱，不耐涝也不抗风。

21. 枇杷

拉丁学名： Eriobotrya japonica（Thunb.）Lindl

形态特征： 小枝密生锈色绒毛；叶片披针形，先端急尖，边缘有疏锯齿［图 3–121（a）］；花序顶生，花梗密生锈色绒毛［图 3–121（b）］。

生态习性： 喜光，稍耐阴，喜温暖气候，喜肥水湿润、排水良好的土壤，稍耐寒，不耐严寒。

图 3-119　李子形态特征

图 3-120　毛樱桃形态特征

（a）枇杷叶形态特征

（b）枇杷花序形态特征

图 3-121　枇杷

22. 山楂

拉丁学名：Crataegus pinnatifida Bunge

形态特征：叶片三角状卵形，两侧各有羽状深裂片，边缘有尖锐重锯齿；果实有浅色斑点（图 3–122）。

生态习性：适应性强，喜凉爽、湿润的环境，即耐寒又耐高温。

23. 桑树

拉丁学名：Morus alba L

形态特征：叶广卵形，先端急尖，基部浅心形，边缘锯齿粗钝；聚花果卵状椭圆形，成熟时红色（图 3–123）。

生态习性：喜温暖湿润气候，稍耐阴；耐旱，不耐涝，耐瘠薄；对土壤的适应性强。

图 3–122 山楂形态特征

图 3–123 桑树形态特征

24. 山桃

拉丁学名：Amygdalus davidiana（Carri è re）de Vos ex Henry

形态特征：小枝细长，老时褐色；叶片卵状披针形，先端渐尖，叶边具细锐锯齿；果实外面密被短柔毛（图 3–124）。

生态习性：抗旱，耐寒，耐盐碱土壤。

图 3-124　山桃形态特征

25. 山杏

拉丁学名：Armeniaca sibirica（L.）Lam

形态特征：枝淡红褐色；叶片卵形，叶缘有细钝锯齿［图 3-125（a）］；果实近球形［图 3-125（b）］。

（a）山杏枝叶形态特征

（b）山杏果实形态特征

图 3-125　山杏

生态习性：喜光，耐寒、耐旱、耐瘠薄。

26. 石榴

拉丁学名：Punica granatum L

形态特征：嫩枝有棱，呈方形。一次枝在小枝上交错对生，具小刺（图 3-126）。

生态习性：喜温暖向阳的环境，耐旱，耐寒，也耐瘠薄，不耐涝和荫蔽；对土壤要求不严。

27. 栓翅卫矛

拉丁学名：Euonymus phellomanus Loes

形态特征：枝条硬直，具 4 纵列木栓厚翅（图 3-127）。

生态习性：喜光也耐阴，对温度极为敏感，可抗极端最高气温 36℃，极端最低气温 -35℃；对土壤要求不严，耐瘠薄土壤，较耐盐碱。

图 3-126　石榴形态特征

图 3-127　栓翅卫矛枝条硬直，具 4 纵列木栓厚翅

28. 贴梗海棠

拉丁学名：Chaenomeles speciosa（Sweet）Nakai

形态特征：枝条有刺；叶片卵形，先端急尖，边缘具有尖锐锯齿；托叶大，肾形，边缘有尖锐重锯齿；花梗短粗，萼筒钟状，全缘有波状齿（图 3-128）。

生态习性：喜光，耐半阴，耐寒，耐旱；对土壤要求不严。

图 3–128　贴梗海棠形态特征

29. 文冠果

拉丁学名： Xanthoceras sorbifolium Bunge

形态特征： 叶披针形，顶端渐尖，边缘有锐利锯齿，顶生小叶 3 深裂（图 3–129）。

生态习性： 喜阳，耐半阴，对土壤适应性很强，耐瘠薄、耐盐碱，抗寒、抗旱。

30. 西府海棠

拉丁学名： Malus × micromalus Makino（1908）

形态特征： 小枝细弱圆柱形，紫红色；叶片长椭圆形，先端急尖，边缘有尖锐锯齿（图 3–130）。

图 3–129　文冠果形态特征

图 3–130　西府海棠形态特征

生态习性：喜光，耐寒，忌水涝，忌空气过湿，较耐干旱。

31. 绚丽海棠

拉丁学名：Malus 'Radiant'

形态特征：树形紧密，新叶红色，花深粉色，单瓣（图 3–131）。

生态习性：喜光，耐寒，耐旱，忌水湿。

32. 亚当海棠

拉丁学名：Malus micromalus cv. “American”

形态特征：树型直立，树冠圆而紧凑；叶片卵圆形，先端急尖，锯齿钝；果实橄榄形（图 3–132）。

生态习性：喜光，耐寒、耐旱，忌水湿。

图 3–131　绚丽海棠形态特征

图 3–132　亚当海棠形态特征

33. 樱花

拉丁学名：Cerasus sp

形态特征：叶片先端骤尾尖，边有尖锐重锯齿，齿端渐尖；花序伞形总状，总梗极短；花瓣粉红色（图 3–133）。

生态习性：喜阳光和温暖湿润的气候，抗寒；对土壤的要求不严，不耐盐碱。

34. 樱桃

拉丁学名： Cerasus pseudocerasus（Lindl.）G. Don

形态特征： 叶卵状椭圆形，先端锐尖，基部圆形，叶缘有大小不等重锯齿；花白色（图 3–134）。

图 3–133　樱花形态特征

图 3–134　樱桃形态特征

生态习性： 适应性强，喜光，耐寒，耐旱。

35. 紫木瓜海棠

拉丁学名： Chaenomeles cathayensis（Hemsl.）C. K. Schneid

形态特征： 枝条直立，具短枝刺；叶片倒卵披针形，边缘有芒状细尖锯齿；果实卵球形，先端突起（图 3–135）。

生态习性： 喜温暖湿润和阳光充足的环境，耐寒，抗旱，怕水涝；不耐盐碱。

36. 紫薇

拉丁学名： Lagerstroemia indica L

形态特征： 树皮平滑，灰色；枝干多扭曲，小枝纤细，具 4 棱；叶互生，叶柄很短。

花粉红（图 3–136）。

生态习性： 喜温暖湿润气候，喜光，略耐阴，喜肥，耐干旱，忌涝，抗寒，萌蘖性强；对二氧化硫、氟化氢及氯气的抗性较强。

图 3-135 紫木瓜海棠形态特征

图 3-136 紫薇形态特征

37. 紫叶碧桃

拉丁学名： Amygdalus persica L.var. persica f. atropurpurea Schneid

形态特征： 叶片长圆披针形，先端渐尖，叶边具细锯齿；叶柄粗壮（图 3-137）。

生态习性： 喜光，耐旱、耐寒，不耐水湿。

38. 紫叶李

拉丁学名： Prunus Cerasifera Ehrhar f. atropurpurea（Jacq.）Rehd

形态特征： 小枝暗红色，先端急尖；叶片倒卵形，边缘有圆钝锯齿（图 3-138）。

生态习性： 喜温暖湿润气候，耐干旱，较耐水湿。

图 3-137 紫叶碧桃形态特征

图 3-138 紫叶李形态特征

第三节　常见园林绿化灌丛木本苗木、多年生草本植物（62 种）

灌丛苗木、多年生草本植物是指没有明显的主干、呈丛生状态比较矮小的木本苗木，以及多年生地上部分拟木质化的草本植物。

1. 矮紫杉

拉丁学名：Taxus cuspidata var. nana Rehder

形态特征：叶螺旋状着生，条形，短柄，先端凸尖（图 3–139）。

生态习性：耐寒，耐阴性极强，耐修剪，怕涝。

2. 白刺花

拉丁学名：Sophora davidii（Franch.）Skeels

形态特征：不育枝末端变成刺；羽状复叶，先端圆具芒尖；荚果串珠状（图 3–140）。

生态习性：喜光，耐旱，对土壤要求不严。

图 3–139　矮紫杉形态特征

图 3–140　白刺花形态特征

3. 茶藨子

拉丁学名： Ribes nigrum L

形态特征： 幼枝具短柔毛；叶基部心脏形，掌状 3~5 浅裂，先端急尖，边缘具粗锐锯齿（图 3–141）。

生态习性： 喜光，耐寒、耐瘠薄。

4. 白花夹竹桃

拉丁学名： Nerium indicum Mill. cv. Paihua

形态特征： 花序顶生，花白色（图 3–142）。

生态习性： 喜温暖湿润的气候，不太耐寒，不耐水湿；萌蘖力强。

图 3–141 茶藨子形态特征

图 3–142 白花夹竹桃花序顶生，花白色

5. 冬青卫矛

拉丁学名： Euonymus japonicus Thunb

形态特征： 小枝四棱，具细微皱突；叶倒卵形，先端圆阔，边缘具有浅细钝齿（图 3–143）。

生态习性： 喜光，较耐阴，喜温暖湿润气候。

6. 柽柳

拉丁学名： Tamarix chinensis Lour

形态特征： 枝直立，暗褐红色；幼枝稠密细弱下垂；嫩枝繁密纤细，悬垂（图 3–144）。

图 3-143　冬青卫矛形态特征

图 3-144　柽柳形态特征

生态习性：耐高温和严寒；喜光，不耐遮阴；耐烈日曝晒，耐干旱又耐水湿，抗风又耐盐碱。

7. 齿叶荚蒾

拉丁学名：Viburnum dentatum

形态特征：株形紧凑，呈圆球形；叶缘具锯齿（图 3-145）。

生态习性：喜光，喜温暖湿润，也耐阴、耐寒。

8. 丛生金叶榆

拉丁学名：Ulmus pumila cv 'Jinye'

形态特征：叶片金黄色，叶脉清晰，卵圆形，叶缘具锯齿，叶尖渐尖，互生于枝条上（图 3-146）。

生态习性：耐贫瘠，水土保持能力强，对寒冷、干旱气候具有极强的适应性。

9. 芙蓉葵

拉丁学名：Hibiscus moscheutos Linn

形态特征：茎丛生，光滑被白色粉；单叶互生，缘具梳齿；花大（图 3-147）。

生态习性：喜温耐湿，耐热，抗寒。

10. 大叶黄杨

拉丁学名：Buxus megistophylla Levl

形态特征：小枝四棱形；叶卵形，边缘下曲（图 3-148）。

图 3-145 齿叶荚蒾形态特征

图 3-146 丛生金叶榆形态特征

图 3-147 芙蓉葵形态特征

图 3-148 大叶黄杨形态特征

生态习性：喜光，稍耐阴，有一定耐寒力；对土壤要求不严。

11. 棣棠

拉丁学名：Kerria japonica

形态特征：枝条终年绿色，花金黄色；叶三角状卵形，先端渐尖，边缘有锐尖重锯齿，叶背疏生短柔毛（图 3-149）。

生态习性：喜温暖的气候，较耐阴，不甚耐寒，对土壤要求不严，耐旱力较差。

12. 日本珊瑚树

拉丁学名： Viburnum odoratissimum Ker–Gawl. var. awabuki（K. Koch）Zabel ex Rumpl

形态特征： 枝干挺直，树皮有圆形皮孔；叶对生，边缘有波状浅钝锯齿（图 3–150）。

生态习性： 喜光，耐阴。

图 3–149　棣棠形态特征

图 3–150　日本珊瑚树形态特征

13. 风箱果

拉丁学名： Physocarpus amurensis（Maxim.）Maxim

形态特征： 叶片先端急尖，基部近心形，基部 3 裂，边缘有重锯齿（图 3–151）。

生态习性： 喜光，耐半阴，耐寒性强；要求土壤湿润，但不耐水渍。

14. 杠柳

拉丁学名： Periploca sepium Bunge

形态特征： 叶卵状长圆形，顶端渐尖；花冠紫红色，辐射状，花冠筒短（图 3–152）。

生态习性： 喜光，耐寒，耐旱，耐瘠薄，耐阴；抗风蚀，抗沙埋。

15. 枸杞

拉丁学名： Lycium barbarum L

形态特征： 分枝细密，有不生叶的短棘刺，叶互生；花在长枝上生于叶腋，在短枝上同叶簇生；花冠漏斗状，紫堇色（图 3-153）。

生态习性：喜冷凉气候，耐寒力强。

图 3-151　风箱果形态特征

图 3-152　杠柳形态特征

16. 枸骨

拉丁学名：Ilex cornuta Lindl. et Paxt

形态特征：叶片先端具尖硬刺齿（图 3-154）。

图 3-153　枸杞形态特征

图 3-154　枸骨形态特征

生态习性：耐干旱，不耐盐碱，较耐寒，喜阳光，也能耐阴。

17. 龟甲冬青

拉丁学名：Ilex crenata cv.Convexa Makino

形态特征：多分枝，叶小而密，叶面凸起（图3–155）。

生态习性：喜光，稍耐阴，喜温暖湿泣气候，较耐寒。

18. 红花檵木

拉丁学名：Loropetalum chinense var.rubrum

形态特征：多分枝，小枝有星毛；叶卵形，先端尖锐，上面略有粗毛（图3–156）。

生态习性：喜光，稍耐阴，耐旱，耐寒冷；萌芽力和发枝力强。

图3–155　龟甲冬青形态特征

图3–156　红花檵木形态特征

19. 红千层

拉丁学名：Callistemon rigidus R. Br

形态特征：叶片线形，先端尖锐，初时有丝毛，叶柄极短；穗状花序生于枝顶（图3–157）。

生态习性：耐烈日酷暑，不耐寒、不耐阴。

20. 红瑞木

拉丁学名：Swida alba Opiz

形态特征：树皮紫红色；老枝红白色；叶对生，先端突尖，边缘波状反卷；核果圆形，果梗细圆柱形（图3–158）。

生态习性：喜潮湿温暖的生长环境，喜光，稍耐阴，耐旱，耐寒冷。

图 3-157　红千层形态特征

图 3-158　红瑞木形态特征

21. 红王子锦带

拉丁学名：Weigela florida cv.Red Prince

形态特征：单叶对生，叶椭圆形，先端渐尖，叶缘有锯齿；花冠五裂，漏斗状钟形（图 3-159）。

生态习性：耐庇荫，抗性强，耐寒；萌蘖力强，生长迅速。

22. 红叶石楠

拉丁学名：Photinia × fraseri Dress

形态特征：叶片表面的角质层非常厚，叶缘有带腺的锯齿，叶端渐尖有短尖头；树干及枝条上有刺（图 3-160）。

生态习性：有极强的抗阴能力和抗干旱能力，不抗水湿；抗盐碱，耐修剪，耐瘠薄。

23. 胡枝子

拉丁学名：Lespedeza bicolor Turcz

形态特征：羽状复叶具 3 小叶；小叶先端微凹，具短刺尖（图 3-161）。

生态习性：耐旱，耐瘠薄，耐酸性，耐盐碱，耐刈割。

24. 虎杖

拉丁学名：Reynoutria japonica Houtt

形态特征：多年生草本；根状茎粗壮，横走；茎直立，具明显的纵棱，具小突起，散生紫红斑点；叶顶端渐尖，边缘全缘，疏生小突起（图 3-162）。

生态习性：喜温暖湿润性气候，对土壤要求不严，耐旱、耐寒。

图 3-159　红王子锦带形态特征

图 3-160　红叶石楠形态特征

图 3-161　胡枝子形态特征

图 3-162　虎杖形态特征

25. 金边黄杨

拉丁学名：Euonymus Japonicus cv. Aureo-ma

形态特征：叶子边缘为黄色或白色，中间黄绿色带有黄色条纹，新叶黄色，老叶绿色带白边（图 3-163）。

生态习性：对土壤的要求不严，耐干旱，耐严寒；对二氧化硫有抗性。

26. 互叶醉鱼草

拉丁学名：Buddleja alternifolia Maxim

形态特征：株体被鳞片状绒毛，单叶互生被星状毛（图 3-164）。

生态习性：对土壤的要求不严，耐干旱、耐严寒、耐盐碱。

图 3-163 金边黄杨形态特征

图 3-164 互叶醉鱼草形态特征

27. 黄刺玫

拉丁学名：Rosa xanthina Lindl

形态特征：小叶片宽卵形，先端圆钝，边缘有圆钝锯齿；花后萼片反折，果近球形（图 3-165）。

生态习性：喜光，稍耐阴，耐寒、耐干旱和瘠薄，不耐水涝。

28. 灰栒子

拉丁学名：Cotoneaster acutifolius Turcz

形态特征：叶片椭圆卵形，先端急尖（图 3-166）。

生态习性：喜光，稍耐阴，耐寒，耐干旱和瘠薄。

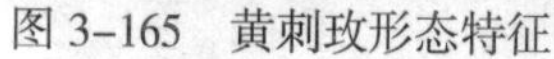

图 3-165　黄刺玫形态特征

图 3-166　灰栒子形态特征

29. 灰莉

拉丁学名： Fagraea ceilanica Thunb

形态特征： 树皮灰色；老枝上有凸起的叶痕和托叶痕；叶片顶端渐尖，叶背微凸起；叶柄基部由托叶形成的腋生鳞片，多少与叶柄合生（图 3-167）。

生态习性： 喜阳光，耐旱，耐阴，耐寒；对土壤要求不严，适应性强。

30. 火棘

拉丁学名： Pyracantha fortuneana（Maxim.）Li

形态特征： 侧枝短，先端呈刺状；叶片倒卵状长圆形，边缘有钝锯齿，齿尖向内弯；果实球形，深红色（图 3-168）。

生态习性： 喜强光，耐贫瘠，抗干旱，不耐寒；对土壤要求不严。

31. 鸡树条

拉丁学名： Viburnum opulus Linn. var.calvescens（Rehd.）Hara f. calvescens

形态特征： 当年小枝有棱，有明显凸起的皮孔；叶轮廓圆卵形，具掌状三出脉，裂片顶端渐尖，边缘具不整齐粗牙齿（图 3-169）。

生态习性： 喜阳，稍耐阴，耐寒，喜湿润空气，对土壤要求不严。

32. 鸡麻

拉丁学名： Rhodotypos scandens（Thunb.）Makino

形态特征： 叶对生，卵形，顶端渐尖，基部圆形，边缘有尖锐重锯齿（图 3-170）。

生态习性：喜湿润环境，但不耐积水，喜光，耐寒，对土壤要求不严，在砂壤土上生长最为旺盛。

图 3-167　灰莉形态特征

图 3-168　火棘形态特征

图 3-169　鸡树条形态特征

图 3-170　鸡麻形态特征

33. 荚蒾

拉丁学名：Viburnum dilatatum Thunb

形态特征：当年小枝、芽、叶柄和花序均密被黄绿色小刚毛簇状短毛；叶顶端急尖，边缘有牙齿状锯齿，齿端突尖；果实卵圆形（图 3-171）。

生态习性：喜光，喜温暖湿润，耐阴，耐寒。

34. 接骨木

拉丁学名：Sambucus williamsii

形态特征：羽状复叶有小叶，顶端尖、渐尖至尾尖，边缘具不整齐锯齿；果实红色（图 3–172）。

生态习性：喜光，也耐阴，较耐寒，耐旱。

图 3–171　荚蒾形态特征

图 3–172　接骨木形态特征

35. 花边大叶黄杨

拉丁学名：Euonvmus japonlcus

形态特征：叶片边缘为绿色，中间为黄色条纹（图 3–173）。

生态习性：对土壤的要求不严，能耐干旱，耐寒性强；抗污染，对二氧化硫有非常强的抗性。

36. 金森女贞

拉丁学名：Ligustrum japonicum 'Howardii'

形态特征：叶对生，单叶卵形，有肉感，冬季转成金黄色（图 3–174）。

生态习性：喜光，稍耐阴，耐旱、耐寒，对土壤要求不严，生长迅速；耐热性强。

图 3–173 金边大叶黄杨叶子边缘为绿色，中间黄色条纹

图 3–174 金森女贞形态特征

37. 金山绣线菊

拉丁学名： Spiraea japonica Gold Mound

形态特征： 单叶互生，边缘具尖锐重锯齿，羽状脉具短叶柄（图 3–175）。

生态习性： 喜光，不耐阴；较耐旱，不耐水湿，抗高温。

38. 金丝桃

拉丁学名： Hypericum monogynum L

形态特征： 地上部在生长季末枯萎，地下部为多年生；小枝纤细且多分枝；花瓣金黄色，边缘全缘（图 3–176）。

生态习性： 喜湿润半阴，不甚耐寒。

图 3–175 金山绣线菊形态特征

图 3–176 金丝桃形态特征

39. 金叶莸

拉丁学名： Caryopteris clandonensis 'Worcester Gold'

形态特征： 单叶对生，边缘有粗齿；叶鹅黄色，花序紧密，生于枝条上部，自下而上开放（图 3–177）。

生态习性： 喜光，耐半阴，耐旱、耐热、耐寒；光照越强烈，叶片颜色越鲜艳。

40. 金叶山梅花

拉丁学名： Philadelphus coronarius 'Aureus'

形态特征： 叶金黄色具浅锯齿（图 3–178）。

生态习性： 喜光，较耐寒，耐旱，怕水湿，不择土壤。

图 3–177　金叶莸形态特征

图 3–178　金叶山梅花叶金黄色具浅锯齿

41. 金银木

拉丁学名： Lonicera maackii（Rupr.）Maxim

形态特征： 叶顶端长渐尖［图 3–179（a）］；花冠先白色后变黄色，唇形［图 3–179（b）］；果实暗红色，圆形［图 3–179（c）］。

生态习性： 喜光，耐半阴，耐旱，耐寒。

42. 荆条

拉丁学名： Vitex negund ovar.heterophylla

形态特征： 叶对生、掌状复叶，先端锐尖，叶缘具切裂状锯齿或羽状裂（图 3–180）。

（a）金银木叶形态特征

（b）金银木花冠先白色后变黄色，唇形

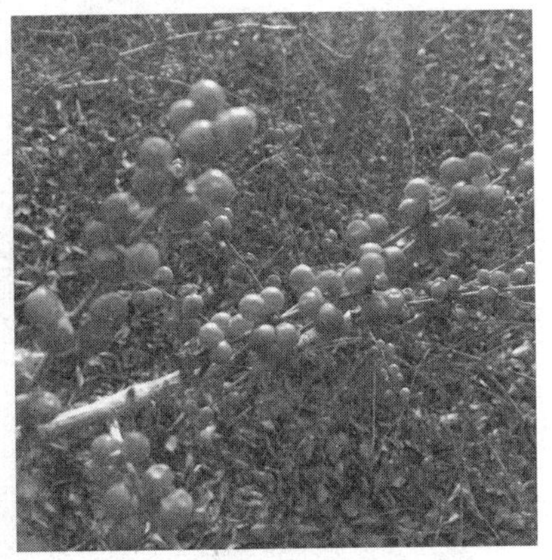

（c）金银木果实暗红色，圆形

图 3-179　金银木

图 3-180　荆条形态特征

生态习性：耐寒、耐旱、耐瘠薄，喜光。

43. 连翘

拉丁学名：Forsythia suspensa

形态特征：枝开展下垂，略呈四棱形，节部具实心髓；叶3裂至三出复叶，椭圆状卵形先端锐尖，叶缘具锐锯齿或粗锯齿［图3-181（a）］；花先于叶开放，花冠黄色［图3-181（b）］。

生态习性：喜光，喜温暖湿润气候，耐寒，耐干旱瘠薄，怕涝。

（a）连翘叶形态特征

（b）连翘花冠黄色

图3-181　连翘

44. 六出花

拉丁学名：Alstroemeria aurea Graham

形态特征：叶片多数，互生状散生，叶面有数条平行脉；花序下为一轮生叶，总花梗5，各具花2~3朵（图3-182）。

生态习性：耐旱，性喜肥沃湿润而排水良好的土壤。

45. 六道木

拉丁学名：Abelia biflora Turcz

形态特征：叶矩圆状披针形，顶端渐尖，中部以上羽状浅裂而具1—4对粗齿；花单生，花冠白色（图3-183）。

生态习性：喜光，耐旱，抗寒性强。

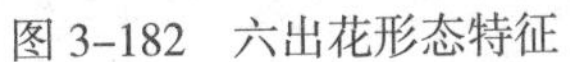
图 3–182 六出花形态特征

图 3–183 六道木形态特征

46. 毛樱桃

拉丁学名：Cerasus tomentosa（Thunb.）Wall

形态特征：嫩枝密被绒毛；叶片倒卵状椭圆形，先端渐尖，边有粗锐锯齿；核果近球形，红色（图 3–184）。

生态习性：喜光、喜温、喜湿、喜肥；根系分布浅，不抗旱，不耐涝也不抗风。

47. 美人梅

拉丁学名：Prunus × blireana cv. Meiren

形态特征：叶片卵圆形，紫红色；花粉红色，着花繁密，花形态近蝶形，瓣层层疏叠，瓣边起伏飞舞，花心常有碎瓣，婆娑多姿（图 3–185）。

生态习性：抗寒，抗旱，耐高温，不耐水涝；对土壤要求不严。

48. 木蓝

拉丁学名：Indigofera tinctoria Linn

形态特征：叶互生；奇数羽状复叶，小叶对生，先端钝圆，有小尖；花冠蝶形，粉红色（图 3–186）。

生态习性：喜光。

49. 南天竹

拉丁学名：Nandina domestica

形态特征：幼枝红色；叶互生，集生于茎的上部，三回羽状复叶，全缘，上面深绿色，冬季变红色，背面叶脉隆起（图 3-187）。

生态习性：喜温暖及湿润的环境，耐阴，耐寒，既能耐湿也能耐旱。

图 3-184　毛樱桃形态特征

图 3-185　美人梅形态特征

图 3-186　木蓝形态特 征

图 3-187　南天竹形态特征

50. 平枝荀子

拉丁学名： Cotoneaster horizontalis Decne

形态特征： 树枝水平开张成整齐两列；叶片宽椭圆形，先端多数急尖，全缘，下面有稀疏平贴柔毛；果实近球形（图 3–188）。

生态习性： 喜温暖湿润的半阴环境，耐干燥和瘠薄的土地，不耐湿热，有一定的耐寒性，怕积水。

51. 瑞香

拉丁学名： Daphne odora Thunb

形态特征： 叶互生，边缘全缘；叶柄粗壮（图 3–189）。

生态习性： 喜散光，忌烈日，忌碱性土。

图 3–188 平枝荀子形态特征

图 3–189 瑞香形态特征

52. 山茱萸

拉丁学名： Cornus officinalis Sieb. et Zucc

形态特征： 叶对生，卵状椭圆形，先端渐尖，全缘，中脉在上面明显、下面凸起（图 3–190）。

生态习性： 抗寒，较耐阴，喜充足的光照。

53. 山梅花

拉丁学名：Philadelphus incanus Koehne

形态特征：叶卵形先端急尖，花枝上叶较小，边缘具疏锯齿，下面密被白色长粗毛；花冠盘状，花瓣白色（图 3–191）。

生态习性：喜光，喜温暖也耐寒耐热，怕水涝。

图 3–190　山茱萸形态特征

图 3–191　山梅花形态特征

54. 水蜡

拉丁学名：Ligustrum obtusifolium Sieb

形态特征：叶片倒卵状长椭圆形，萌发枝上叶较大；花序着生于小枝顶端，花冠白色（图 3–192）。

生态习性：喜光照，稍耐阴，耐寒，对土壤要求不严。

55. 太平花

拉丁学名：Philadelphus pekinensis Rupr

形态特征：枝叶茂密，花乳黄色而清香，花朵朵聚集，颇为美丽。叶对生，长卵形，缘疏生锯齿（图 3–193）。

生态习性：喜光，稍耐阴，较耐寒，耐干旱，怕水湿，水浸易烂根。

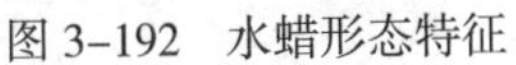

图 3-192 水蜡形态特征

图 3-193 太平花形态特征

56. 贴梗海棠

拉丁学名：Chaenomeles speciosa（Sweet）Nakai

形态特征：叶片椭圆形，边缘具有尖锐锯齿，齿尖开展；托叶大形、肾形或半圆形，边缘有尖锐重锯齿［图 3-194（a）］；花梗短粗，花瓣猩红色［图 3-194（b）］；果梗极短［图 3-194（c）］。

生态习性：喜光，耐半阴，耐寒，耐旱；对土壤要求不严。

57. 拓树

拉丁学名：Cudrania tricuspidata（Carr.）Bur. ex Lavallee

形态特征：小枝有棘刺；叶菱状卵形，先端渐尖；聚花果近球形，肉质（图 3-195）。

生态习性：喜阳光，抗性强，生长快，繁殖容易。

58. 蝟实

拉丁学名：Kolkwitzia amabilis Graebn

形态特征：叶卵状椭圆形，全缘，两面散生短毛，脉上和边缘密被直柔毛和睫毛；苞片披针形；萼筒外面密生长刚毛，上部缢缩似颈；花冠淡红色（图 3-196）。

生态习性：耐寒冷，耐炎热，耐半干旱气候。

（a）贴梗海棠枝叶形态特征

（b）贴梗海棠花梗、花瓣形态特征

（c）贴梗海棠果梗极短

图 3-194　贴梗海棠

图 3-195　拓树形态特征

图 3-196　蝟实形态特征

59. 珍珠梅

拉丁学名： Sorbaria sorbifolia（L.）A. Br

形态特征： 羽状复叶，小叶片对生，卵状披针形，先端渐尖，边缘有尖锐重锯齿，羽状网脉，顶生大型密集圆锥花序，花瓣白色（图 3–197）。

生态习性： 喜光，也耐阴，耐寒，对土壤要求不严，耐瘠薄。

60. 皱叶荚蒾

拉丁学名： Viburnum rhytidophyllum Hemsl

形态特征： 幼枝、叶下面、叶柄及花序均被由黄白色簇状毛组成的厚绒毛；叶卵状披针形，顶端稍尖，基部圆形，有不明显小齿，叶脉深凹陷而呈极度皱纹状，下面有凸起网纹；叶柄粗壮（图 3–198）。

生态习性： 喜温暖、湿润环境，喜光，也较耐阴，喜湿润但不耐涝；对土壤要求不严。

图 3–197　珍珠梅形态特征

图 3–198　皱叶荚蒾形态特征

61. 紫荆

拉丁学名： Cercis chinensis Bunge

形态特征： 叶近三角状圆形，先端急尖，基部浅心形，叶缘膜质透明；荚果扁狭长形，喙细而弯曲（图 3–199）。

生态习性：喜光，稍耐阴，不耐湿；萌芽力强，耐修剪。

62. 紫珠

拉丁学名：Callicarpa bodinieri Levl

形态特征：小枝、叶柄和花序均被粗糠状星状毛；叶片边缘有细锯齿；聚伞花序，花冠紫色（图 3–200）。

生态习性：喜温、喜湿、怕风、怕旱，在阴凉的环境生长较好。

图 3–199　紫荆形态特征

图 3–200　紫珠形态特征

第四节　常见藤本苗木（21 种）

藤本苗木是指茎干细长，自身不能直立生长，必须依附他物而向上攀缘的植物。

1. 常春油麻藤

拉丁学名：Mucuna sempervirens Hemsl

形态特征：羽状复叶具 3 小叶；总状花序生于老茎，花大，下垂；花萼密被绒毛，花冠深紫色或紫红色；下垂花序上的花朵，盛开时形如成串的小雀（图 3-201）。

生态习性： 耐阴，喜光，喜湿暖湿润气候，适应性强，耐寒，耐干旱和耐瘠薄。

2. 白花蔷薇

拉丁学名： Rosa albertii Regel

形态特征： 小叶片倒卵形，先端圆钝或急尖，边缘有重锯齿，托叶大部分贴生于叶柄；花 2~3 朵簇生；花瓣白色（图 3-202）。

生态习性： 喜湿润，耐阴，不耐于旱。

图 3-201 常春油麻藤形态特征

图 3-202 白花蔷薇形态特征

3. 常春藤

拉丁学名： Hedera nepalensis var. sinensis（Tobl.）Rehd

形态特征： 有气生根，单叶互生三裂（图 3-203）。

生态习性： 阴性，也能生长在全光照的环境中，不耐寒。对土壤要求不严，喜湿润、不耐盐碱。

4. 扶芳藤

拉丁学名： Euonymus fortunei（Turcz.）Hand.-Mazz

形态特征： 叶薄长倒卵形，先尖，边缘齿浅不明显（图 3-204）。

生态习性： 喜温暖、湿润环境，喜阳光，耐阴。

图 3-203　常春藤形态特征

图 3-204　扶芳藤形态特征

5. 葛

拉丁学名：Pueraria lobata（Willd.）Ohwip

形态特征：羽状复叶具 3 小叶，小叶三裂（图 3-205）。

生态习性：对气候的要求不严，适应性较强。

6. 何首乌

拉丁学名：Fallopia multiflora（Thunb.）Harald

形态特征：茎缠绕，多分枝，具纵棱；叶顶端渐尖，基部近心形，两面粗糙，边缘全缘（图 3-206）。

生态习性：喜阳，耐半阴，喜湿，畏涝，耐寒。

7. 金银花

拉丁学名：Lonicera japonica Thunb

形态特征：小枝细长，中空；叶对生，枝叶均密生柔毛和腺毛；花成对生于叶腋，白色，黄白色相映（图 3-207）。

图 3-205 葛形态特征

图 3-206 何首乌形态特征

图 3-207 金银花形态特征

生态习性：喜阳，耐阴，耐寒性强，也耐干旱和水湿，对土壤要求不严。

8. 凌霄

拉丁学名：Campsis grandiflora（Thunb.）Schum

形态特征：以气生根攀附于他物之上；叶对生，为奇数羽状复叶；小叶顶端尾状渐尖，边缘有粗锯齿；顶生疏散花序，花萼钟状，花冠内面鲜红色，外面橙黄色（图 3-208）。

生态习性：喜充足阳光，耐半阴，耐寒、耐旱、耐瘠薄；忌积涝、湿热。

9. 猕猴桃

拉丁学名：Actinidia chinensis Planch

形态特征：枝有铁锈色硬毛状刺毛；叶近圆形，顶端截平形并中间凹入，横脉比较发达；叶柄被铁锈色硬毛状刺毛（图 3-209）。

生态习性：需水又怕涝，耐旱性差，耐湿性弱；喜半阴环境，喜阳光；抗风能力相当弱。

图 3-208　凌霄形态特征

图 3-209　猕猴桃形态特征

10. 木通

拉丁学名：Akebia quinata（Houtt.）Decne

形态特征：茎纤细，缠绕；掌状复叶互生；小叶先端凹入，具小凸尖（图 3-210）。

生态习性：喜阴湿，较耐寒。

11. 南蛇藤

拉丁学名：Celastrus orbiculatus Thunb

形态特征：叶近圆形，先端圆阔，边缘具锯齿（图 3–211）。

生态习性：喜阳，耐阴，抗寒，耐旱，对土壤要求不严。

图 3–210　木通形态特征

图 3–211　南蛇藤形态特征

12. 爬山虎

拉丁学名：Parthenocissus tricuspidata

形态特征：叶互生，边缘有粗锯齿，叶片及叶脉对称，叶分裂成 3 小叶，基部心形；枝上有卷须，多分枝，卷须顶端及尖端有黏性吸盘（图 3–212）。

生态习性：性喜阴湿环境，但不怕强光，耐寒，耐旱，耐贫瘠；耐修剪，怕积水，对土壤要求不严；对二氧化硫和氯化氢等有害气体有较强的抗性，对空气中的灰尘有吸附能力。

13. 藤本月季

拉丁学名：Morden cvs.of Chlimbers and Ramblers

形态特征：茎上的钩刺或蔓靠他物攀缘。单数羽状复叶，托叶附着于叶柄上，叶梗附近长有直立棘刺 1 对（图 3–213）。

生态习性：耐寒、耐旱，对土壤要求不严格，喜日照充足、空气流通、排水良好而避风的环境，盛夏需适当遮阴。

图 3-212　爬山虎形态特征

图 3-213　爬藤月季形态特征

14. 啤酒花

拉丁学名：Humulus lupulus Linn.p

形态特征：茎、枝和叶柄密生绒毛和倒钩刺；叶先端急尖，基部心形 3~5 裂，边缘具粗锯齿，表面密生小刺毛（图 3-214）。

生态习性：对光照要求较高；在土壤肥力较低的环境中生长不良，植株矮小。

15. 葡萄

拉丁学名：Vitis vinifera L

形态特征：小枝圆柱形，有纵棱纹；卷须二叉分枝，每隔 2 节间断与叶对生；叶显著 3~5 中裂，裂片顶端急尖，边缘有锯齿，齿深而粗大（图 3-215）。

生态习性：葡萄生长所需温度要有所变化，对水分要求较高，在生长期要求强度光照，喜酸性土壤。

16. 三叶地锦

拉丁学名：Parthenocissus semicordata（Wall. ex Roxb.）Planch

形态特征：卷须总状 4~6 分枝，相隔 2 节间断与叶对生，顶端嫩时尖细卷曲，后遇附着物扩大成吸盘；叶为 3 小叶，着生在短枝上（图 3-216）。

生态习性：喜温暖气候，耐寒；喜光，又耐荫。

17. 蛇葡萄

拉丁学名：Ampelopsis delavayana（Franch.）Planch. ex Franch

形态特征：卷须二至三叉分枝，相隔 2 节间断与叶对生；叶为 3 小叶，中央小叶披针形，顶端渐尖（图 3–217）。

生态习性：喜生长在山坡灌丛、山谷林中。

图 3–214　啤酒花形态特征

图 3–215　葡萄形态特征

图 3–216　三叶地锦形态特征

图 3–217　蛇葡萄形态特征

18. 蒜香藤

拉丁学名：Mansoa alliacea（Lam.）A.H.Gentry

形态特征：植株蔓性，具卷须，叶为三出复叶对生，顶小叶呈卷须状；蒴果扁平长线形（图 3-218）；叶搓揉之后有大蒜的气味。

生态习性：喜高温，生性强健，病虫害少。

19. 紫藤

拉丁学名：Wisteria sinensis（Sims）Sweet

形态特征：茎右旋，奇数羽状复叶（图 3-219）。

生态习性：耐寒，能耐水湿及瘠薄土壤，喜光，较耐阴。

图 3-218　蒜香藤形态特征

图 3-219　紫藤形态特征

20. 络石

拉丁学名：Trachelospermum jasminoides（Lindl.）Lem

形态特征：具乳汁；叶顶端锐尖至渐尖或钝，有时微凹或有小凸尖，叶背中脉凸起（图 3-220）。

生态习性：耐寒冷，耐暑热，但忌严寒；较耐干旱，忌水湿

21. 蛇梅

拉丁学名：Duchesnea indica（Andr.）Fockc

形态特征：花瓣黄色；羽状复叶，具 3 小叶，边缘具钝锯齿（图 3-221）。

生态习性：喜阴凉，喜温暖湿润气候，耐寒，不耐旱、不耐水渍。

图 3-220 络石形态特征

图 3-221 蛇梅形态特征

第五节 常见竹类（16种）

禾本科多年生木质化植物。

1. 斑竹

拉丁学名：Phyllostachys bambusoides Sieb. et Zucc. f. lacrima-deae Keng f. et Wen

形态特征：竿有紫褐色斑点（图 3-222）。

生态习性：喜温、喜阳、喜肥、喜湿，怕风不耐寒。

2. 佛肚竹

拉丁学名：Bambusa ventricosa McClure

形态特征：节间圆柱形，下部略微肿胀，节间短缩而其基部肿胀，呈瓶状（图 3-223）。

生态习性：耐水湿，喜光；抗寒力较低，能耐轻霜。

3. 黄竿京竹

拉丁学名：Phyllostachys aureosulcata McClure 'Aureocarlis'

形态特征：竿全部为黄色（图 3-224）。

生态习性：喜阳，对土壤要求不严，管理粗放。

4. 对花竹

拉丁学名： Phyllostachys bambusoides f. duihuazhu C.J.Wu

形态特征： 竹竿绿色，分枝一侧纵槽具黑褐色斑点或斑块（图 3-225）。

生态习性： 耐寒，耐旱。

图 3-222　斑竹形态特征

图 3-223　佛肚竹形态特征

图 3-224　黄竿京竹竿全部为黄色

图 3-225　对花竹形态特征

5. 黄竿乌哺鸡竹

拉丁学名： Phyllostachys vivax McClure 'Aureocaulis'

形态特征： 竿全部为硫黄色，在竿的中、下部有几个节间具1条绿色纵条（图3-226）。

生态习性： 喜温暖湿润的气候，对干旱和寒冷等不良气候有较强的适应能力。

6. 黄纹竹

拉丁学名： Phyllostachys vivax McClure cv. Huanwenzhu

形态特征： 竹竿的纵沟为黄色，竿环隆起（图3-227）。

生态习性： 宜栽植在背风向阳处，喜空气湿润的环境。

图3-226 黄竿乌哺鸡竹形态特征

图3-227 黄纹竹形态特征

7. 金明竹

拉丁学名： Phyllostachys bambusoides var.castillonis（MarliacexCarriere）Makino

形态特征： 竹竿黄色，竹节间有绿色条纹（图3-228）。

生态习性： 抗性强，繁殖易。

8. 铺地竹

拉丁学名： Sasa argenteistriatus E.G.Camus

形态特征： 叶在生长初期为绿色，间有白色或黄色条纹（图3-229）。

生态习性：向阳背风处生长较好，喜土层深厚、肥沃、湿润的土壤条件。

图 3-228　金明竹形态特征

图 3-229　铺地竹形态特征

9. 金镶玉竹

拉丁学名：Phyllostachys aureosulcata　McClure 'Spectabilis'

形态特征：竿金黄色，每节生枝叶处有一道碧绿色的浅沟，位置节节交错，黄绿相间（图 3-230）。

生态习性：向阳背风处生长较好喜土层深厚、肥沃、湿润、排水和透气性良好的酸性壤土。

10. 箬竹

拉丁学名：Indocalamus tessellatus（Munro）Keng f

形态特征：竿圆筒形，在分枝一侧的基部微扁；节较平坦；竿环较箨环略隆起，节下方有红棕色贴竿的毛环；叶片稍下弯，先端长尖；小横脉明显，形成方格状，叶缘生有细锯齿（图 3-231）。

生态习性：喜温暖湿润气候，疏松、排水良好的酸性土壤宜生长，耐寒性较差。

11. 鹅毛竹

拉丁学名：Shibataea chinensis Nakai

形态特征：叶片卵状披针形，形似鹅毛（图 3-232）。

生态习性：喜温暖、湿润环境，稍耐阴。

12. 刚竹

拉丁学名：Phyllostachys Viridis

形态特征：竿黄绿色，各节箨环均突起（图 3-233）。

生态习性：抗性强，适应酸性至中性土，忌排水不良；开花一次，花后营养体自然死亡。

图 3-230 金镶玉竹形态特征

图 3-231 箬竹形态特征

图 3-232 鹅毛竹形态特征

图 3-233 刚竹形态特征

13. 筠竹

拉丁学名：Phyllostachys glauca McClure 'Yunzhu'

形态特征：竿面由下而上渐次出现茶褐色斑纹，斑纹边缘界限清晰（图 3-234）。

生态习性：喜温暖湿润气候，疏松、排水良好的酸性土壤宜生长，耐寒性较差。

14. 早园竹

拉丁学名：Phyllostachys propinqua McClure

形态特征：幼竿绿色，光滑；竿环微隆起与箨环同高（图 3-235）。

生态习性：喜温暖湿润气候，耐旱，抗寒性强；怕积水，喜光怕风。

图 3-234　筠竹形态特征

图 3-235　早园竹形态特征

15. 黄条早竹

拉丁学名：Phyllostachys praecox Chu et Chao cv. Notata S.Y.Chen et C.Y.Yao

形态特征：节间沟槽为黄色（图 3-236）。

生态习性：适宜在微酸性、深厚、疏松、肥沃、排水良好而湿润，以及坡度平缓的土壤环境生长。

16. 紫竹

拉丁学名：Phyllostachys nigra（Lodd. ex Lindl.）Munro

形态特征：一年生以后的竿逐渐出现紫斑，最后全部变为紫黑色（图 3-237）。

生态习性：喜温暖湿润气候，耐寒，耐阴，忌积水。

图 3-236　黄条早竹形态特征

图 3-237　紫竹形态特征

第六节　常见地被花卉植物（84 种）

地被花卉植物为具有观赏价值的草本植物。

1. 花球［图 3-238（a）］及制作［图 3-238（b）］

以竹条、铁丝或钢架等材料制作成骨架，然后将花卉植物安置在已成形的骨架上即可。

（a）花球

（b）花球制作过程

图 3-238　花球

2. 花柱（图 3–239）

花柱制作过程类似于花球，只是球状变成柱状而已。

3. 矮牵牛

拉丁学名：Petunia hybrida（J.D.Hooker）Vilmorin

形态特征：花冠颜色各异，漏斗状（图 3–240）。

图 3–239　花柱

图 3–240　矮牵牛花冠颜色各异，漏斗状

4. 百合

拉丁学名：Lilium brownii var. viridulum

形态特征：叶片多互生，无柄；花大漏斗形（图 3–241）。

5. 大花天人菊

拉丁学名：Gaillardia pulchella Foug

形态特征：枝斜升，被短柔毛；下部叶匙形，边缘波状钝齿，浅裂至琴状分裂；舌状花黄色，基部带紫色（图 3–242）。

6. 大花萱草

拉丁学名：Hemerocallis hybrida Bergmans

形态特征：叶基生、宽线形，成对排成列，背面有龙骨突起；花薹由叶丛中抽出，花大，漏斗形（图 3–243）。

7. 佛甲草

拉丁学名：Sedum lineare Thunb

形态特征：3叶轮生，对生，线形；花序顶生，中央有一朵有短梗的花；花瓣5，黄色（图3-244）。

图3-241　百合形态特征

图3-242　大花天人菊形态特征

图3-243　大花萱草形态特征

图3-244　佛甲草形态特征

8. 福禄考

拉丁学名：Phlox drummondii Hook

形态特征：下部叶对生，上部叶互生，全缘，叶面有柔毛；花序顶生，有短柔毛，花梗很短；花萼筒状（图 3–245）。

9. 红景天

拉丁学名：Rhodiola rosea L

形态特征：叶疏生，先端渐尖，全缘或上部有少数牙齿；花序密集多花，花瓣黄绿色（图 3–246）。

图 3–245　福禄考形态特征

图 3–246　红景天形态特征

10. 火炬花

拉丁学名：Kniphofia uvaria（L.）Oken

形态特征：茎直立；叶丛生，叶片中部或中上部开始向下弯曲下垂，很少直立；总状花序着生数百朵筒状小花，呈火炬形，花冠橘红色（图 3–247）。

11. 假龙头

拉丁学名：Physostegia virginiana

形态特征：穗状花序顶生，小花密集，小花若推向一边，不会复位，因而得名；唇形花冠，花色有白、深桃红、玫红、雪青等；茎四方形；叶对生，叶缘有细锯齿（图 3–248）。

12. 金娃娃萱草

拉丁学名：Hemerocallis fulva 'Golden Doll'

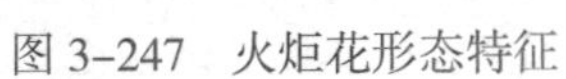
图 3-247 火炬花形态特征

图 3-248 假龙头形态特征

形态特征：叶较宽基生，条形，排成两列；花冠漏斗形，金黄色（图 3-249）。

13. 金焰绣线菊

拉丁学名：Spiraea x bumalda cv.Gold Flame

形态特征：单叶互生，边缘具尖锐重锯齿，羽状脉；春季叶色黄红相间，夏季叶色绿，秋季叶紫红色；花玫瑰红，花序较大（图 3-250）。

图 3-249 金娃娃萱草形态特征

图 3-250 金焰绣线菊形态特征

14. 金鱼草

拉丁学名： Antirrhinum majus L

形态特征： 下部的叶对生，上部的叶互生，具短柄；花序顶生，密被腺毛；花萼 5 深裂；花冠颜色多种，基部在前面下延呈兜状，花冠呈假面状（图 3-251）。

15. 蓝花鼠尾草

拉丁学名： Salvia farinacea Benth

形态特征： 茎为四角柱状，且有毛；叶对生长，椭圆形，表面有凹凸状织纹，且有折皱；长穗状花序，紫色（图 3-252）。

图 3-251　金鱼草形态特征

图 3-252　蓝花鼠尾草形态特征

16. 蓝目菊

拉丁学名： Arctotis stoechadifolia var.grandis

形态特征： 茎生叶互生羽裂，幼嫩时有白色绒毛；花盘心蓝紫色（图 3-253）。

17. 耧斗菜

拉丁学名： Aquilegia viridiflora Pall

形态特征： 叶片上部三裂，裂片常有 2~3 个圆齿；花下垂，苞片三全裂（图 3-254）。

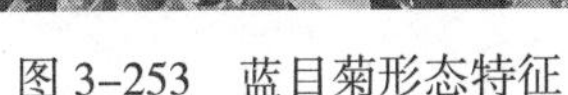
图 3-253 蓝目菊形态特征

图 3-254 耧斗菜形态特征

18. 马樱丹

拉丁学名： Lantana camara L

形态特征： 直立或蔓性的灌木，有时藤状；茎枝均呈四方形，有短柔毛，有短而倒钩状刺；单叶对生，揉烂后有强烈的气味（图 3-255）。

19. 毛地黄

拉丁学名： Digitalis purpurea L

形态特征： 全株被灰白色短柔毛和腺毛；基生叶多数呈莲座状，叶柄具狭翅，叶边缘具带短尖的圆齿；萼钟状；花冠紫红色，内面具斑点（图 3-256）。

图 3-255 马樱丹形态特征

图 3-256 毛地黄形态特征

20. 美丽月见草

拉丁学名： Oenothera speciosa

形态特征： 茎直立，有分枝；叶互生，边缘有疏细锯齿，两面被白色柔毛；花单生于枝端叶腑，排成疏穗状，萼管细长，先端 4 裂，裂片反折；花瓣 4 枚，黄色（图 3–257）。

21. 轮船花

拉丁学名： Ixora chinensis Lam

形态特征： 叶对生，有时由于节间距离极短几成 4 枚轮生；叶柄极短而粗；花序顶生，多花；花冠红色或红黄色（图 3–258）。

图 3–257　美丽月见草形态特征

图 3–258　轮船花形态特征

22. 美女缨

拉丁学名： Verbena hybrida Voss

形态特征： 全株有细绒毛，植株丛生而铺覆地面，茎四棱；叶对生；穗状花序顶生（图 3–259）。

23. 迷迭香

拉丁学名： Rosmarinus officinalis L

形态特征： 叶在枝上丛生，具极短的柄，叶片线形，向背面卷曲，下面密被白色的星状绒毛；花萼卵状钟形，外面密被白色星状绒毛及腺体（图 3–260）。

24. 木茼蒿

拉丁学名： Argyranthemum frutescens（L.）Sch.–Bip

形态特征： 叶二回羽状分裂，花序在枝端排成不规则的伞房花序，舌状花舌（图 3-261）。

图 3-259 美女缨形态特征

图 3-260 迷迭香形态特征

25. 三色堇

拉丁学名： Viola tricolor L

形态特征： 花大，每花有紫、白、黄三色（图 3-262）。

图 3-261 木茼蒿形态特征

图 3-262 三色堇形态特征

26. 芍药

拉丁学名： Paeonia lactiflora Pall

形态特征： 花瓣呈倒卵形，花盘为浅杯状，花着生于茎的顶端或近顶端叶腋处［图 3-263（a）］；果实呈纺锤形［图 3-263（b）］。

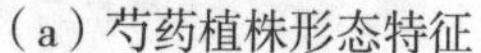

（a）芍药植株形态特征

（b）芍药果实呈纺锤形

图 3-263　芍药

27. 白花山桃草

拉丁学名： Gaura lindheimeri Engelm. et Gray

形态特征： 丛生；茎直立，多分枝，入秋变红色，被长柔毛与曲柔毛；叶无柄，向上渐变小，先端锐尖；花序长穗状，生茎枝顶部；花瓣白色，后变粉红色（图 3-264）。

28. 石竹

拉丁学名： Dianthus chinensis L

形态特征： 叶片线状披针形，叶缘有细小齿；花单生枝端；花瓣紫红色、粉红色、鲜红色或白色，顶缘有不整齐齿裂（图 3-265）。

图 3-264　白花山桃草形态特征

图 3-265　石竹形态特征

29. 四季玫瑰

拉丁学名： Rosa davurica rugosa Thunb

形态特征： 枝条较细有皮刺；叶为奇数羽状复叶，叶脉稍下陷；花单生（图3-266）。

30. 四季秋海棠

拉丁学名： Begonia cucullata Willd

形态特征： 茎直立，稍肉质；单叶互生，基部稍心形而斜生，边缘有小齿和缘毛；花红色、淡红色或白色（图3-267）。

图3-266 四季玫瑰形态特征

图3-267 四季秋海棠形态特征

31. 天门冬

拉丁学名： Asparagus cochinchinensis（Lour.）

形态特征： 叶状枝通常每3枚成簇，茎上的鳞片状叶基部延伸为硬刺，浆果（图3-268）。

32. 小球玫瑰

拉丁学名： Phedimus spurius 'Schorbusser Blut'

形态特征： 植株低矮匍匐状生长；易生新枝，群生；茎紫红色（图3-269）。

图 3-268　天门冬形态特征

图 3-269　小球玫瑰形态特征

33. 一串红

拉丁学名：Salvia splendens Ker-Gawler

形态特征：花序修长，色红鲜艳（图 3-270）。

34. 虞美人

拉丁学名：Papaver rhoeas L

形态特征：叶片狭卵形，羽状分裂；花单生于枝顶端，紫红色（图 3-271）。

图 3-270　一串红花序修长，色红鲜艳

图 3-271　虞美人形态特征

35. 羽扁豆

拉丁学名：Lupinus polyphyllus

形态特征：全株密生细毛；多分枝；掌状复叶，小叶背被银白色茸毛；花有紫、淡红等颜色（图 3–272）。

36. 长春花

拉丁学名：Catharanthus roseus （L.） G. Don

形态特征：茎近方形，有条纹；叶先端浑圆；聚伞花序腋生或顶生，花冠红色（图 3–273）。

图 3–272　羽扁豆形态特征

图 3–273　长春花形态特征

37. 紫叶酢浆草

拉丁学名：Oxalis triangularis subsp. papilionacea（Hoffmanns. ex Zucc.）ourteig

形态特征：根生叶，掌状复叶，叶片紫红色（图 3–274）。

38. 五彩苏

拉丁学名：Coleus scutellarioides（L.）Benth

形态特征：茎紫色；叶片边缘具圆齿状锯齿，色泽多样，两面被微柔毛（图 3–275）。

39. 天竺葵

拉丁学名：Pelargonium hortorum Bailey

形态特征：茎上部肉质，具明显的节，密被短柔毛；叶片肾形，茎部心形，边缘波状浅裂，表面叶缘以内有马蹄形环纹（图 3–276）。

图 3-274　紫叶酢浆草形态特征

图 3-275　五彩苏形态特征

40. 紫罗兰

拉丁学名：Matthiola incana（L.）R. Br

形态特征：全株密被灰白色具柄的分枝柔毛；叶片倒披针形，叶缘微波状；总状花序顶生和腋生；花瓣紫红色、淡红色或白色，顶端浅 2 裂，边缘波状，下部具长爪（图 3-277）。

图 3-276　天竺葵形态特征

图 3-277　紫罗兰形态特征

41. 红掌

拉丁学名：Anthurium scherzerianum Schottp

形态特征：叶先端尖，基部圆形；肉穗花序，叶脉凹陷；佛焰苞蜡质鲜红色（图 3–278）。

42. 绣球

拉丁学名：Hydrangea macrophylla（Thunb.）Ser

形态特征：叶阔椭圆形，先端骤尖，具短尖头；小脉网状，两面明显；聚伞花序近球形，花密集，粉红色、淡蓝色或白色（图 3–279）。

图 3–278　红掌形态特征

图 3–279　绣球形态特征

43. 水塔花

拉丁学名：Billbergia pyramidalis Lindl

形态特征：茎极短；叶莲座状排列，阔披针形，顶端有小锐尖；穗状花序直立（图 3–280）。

44. 树马齿苋

拉丁学名：Portulacaria afra

形态特征：叶互生，扁平，肥厚，倒卵形似马齿状；叶柄粗短；花无梗（图 3–281）。

图 3–280　凤梨形态特征

图 3–281　树马齿苋形态特征

45. 丰花月季

拉丁学名： Rosa cultivars Floribunda

形态特征： 小枝具钩刺；羽状复叶具尖锯齿；花瓣有深红、淡粉、橙黄等颜色，重瓣（图 3–282）。

46. 费菜

拉丁学名： Sedum aizoon L

形态特征： 肉质；叶近乎对生，边缘具细齿；花序顶生，花瓣 5 枚，黄色（图 3–283）。

图 3–282　丰花月季形态特征

图 3–283　费菜形态特征

47. 变色木

拉丁学名： Codiaeum variegatum（L.）A. Juss

形态特征： 叶形状大小变异很大，顶端短尖，边全缘，淡绿色、紫红色、紫红与黄色相间，叶片上散生黄色或金黄色斑点或斑纹（图 3–284）。

48. 万寿菊

拉丁学名： Tagetes erecta L

形态特征： 叶羽状分裂，边缘具锐锯齿；头状花序单生，花序梗顶端棍棒状膨大；管状花花冠黄色，顶端具 5 齿裂（图 3–285）。

图 3–284　变色木形态特征

图 3–285　万寿菊形态特征

49. 蜀葵

拉丁学名： Althaea rosea （Linn.）Cavan

形态特征： 茎枝密被刺毛；花顶生单瓣或重瓣，有紫、粉、红、白等颜色；叶掌状 5~7 浅裂，托叶先端具 3 尖（图 3–286）。

50. 波斯菊

拉丁学名： Cosmos bipinnata Cav

形态特征： 叶二次羽状深裂，裂片线形或丝状线形；头状花序单生（图 3–287）。

51. 荷兰菊

拉丁学名： Symphyotrichum novi–belgii（L.）G.L.Nesom

形态特征： 花序单生，蓝色；茎丛生，多分枝；叶线状披针形，在枝顶形成伞状花序，花蓝紫色或玫瑰红色（图 3–288）。

52. 金边玉簪

拉丁学名： Hosta plantaginea Aschers

形态特征： 叶基生，大型，长柄，有多数平行叶脉（图 3–289）。

图 3–286　蜀葵形态特征

图 3–287　波斯菊形态特征

图 3–288　荷兰菊形态特征

图 3–289　金边玉簪形态特征

53. 老鹳草

拉丁学名： Geranium wilfordii Maxim

形态特征： 叶基生，茎生叶对生；基生叶片 5 深裂达 2/3 处，茎生叶 3 裂至 3/5 处；花瓣白色或淡红色（图 3–290）。

54. 松果菊

拉丁学名：Echinacea purpurea（Linn.）Moench

形态特征：全株有粗毛，茎叶密生硬毛，叶缘具锯齿；头状花序，花大，花的中心部位凸起（图 3–291）。

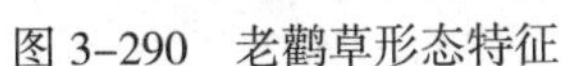

图 3–290　老鹳草形态特征

图 3–291　松果菊形态特征

55. 金鸡菊

拉丁学名：Coreopsis drummondii Torr. et Gray

形态特征：叶片羽状分裂；头状花序单生枝端，具长梗；舌状花 8 朵，黄色（图 3–292）。

56. 牛膝菊

拉丁学名：Galinsoga parviflora Cav

形态特征：茎纤细；叶对生，披针形；全部茎叶两面粗涩，被白色稀疏贴伏的短柔毛；花白色（图 3–293）。

57. 金边龙舌兰

拉丁学名：Agave americana var. marginata aurea

形态特征：叶多丛生，呈剑形，边缘有黄白色条带镶边，有紫褐色刺状锯齿（图 3–294）。

58. 花叶芦竹

拉丁学名： Arundo donax 'Versicolor'

形态特征： 秆粗大直立，具多数节；叶片扁平，基部白色，抱茎；茎秆高大挺拔，形状似竹；早春叶色黄白条纹相间，后增加绿色条纹（图 3-295）。

图 3-292　金鸡菊形态特征

图 3-293　牛膝菊形态特征

图 3-294　金边龙舌兰形态特征

图 3-295　花叶芦竹形态特征

59. 玉带草

拉丁学名： Phalaris arundinacea L. var. picta L

形态特征： 叶片扁平，绿色而有白色条纹间于其中，柔软而似丝带（图 3-296）。

60. 藿香蓟

拉丁学名： Ageratum conyzoides L

形态特征： 叶对生，有时上部互生；花在茎顶排成紧密的伞房状花序，花冠顶端有尘状微柔毛，檐部 5 裂，淡紫色（图 3-297）。

图 3-296 玉带草形态特征

图 3-297 藿香蓟形态特征

61. 活血丹

拉丁学名：Glechoma longituba（Nakai）Kupr

形态特征：具匍匐茎，逐节生根；茎四棱形；叶心形或近肾形（图 3-298）。

62. 菊芋

拉丁学名：Helianthus tuberosus（L. 1753）

形态特征：叶通常对生，但上部叶互生，顶端渐细尖，边缘有粗锯齿；头状花序较大，舌片黄色（图 3-299）。

图 3-298 活血丹形态特征

图 3-299 菊芋形态特征

63. 蒲苇

拉丁学名：Cortaderia selloana

形态特征：茎极狭窄，下垂，边缘具细齿；圆锥花序大，雌花穗银白色，小穗轴节处密生绢丝状毛（图 3–300）。

64. 紫穗狼尾草

拉丁学名：Pennisetum alopecuroides 'Purple'

形态特征：叶细长；穗状圆锥花序，紫色刚毛（图 3–301）。

图 3–300 蒲苇形态特征

图 3–301 紫穗狼尾草形态特征

65. 拂子茅

拉丁学名：Calamagrostis epigeios（L.）Roth

形态特征：秆直立；叶片扁平或边缘内卷；圆锥花序紧密，圆筒形；小穗淡紫色（图 3–302）。

66. 花叶美人蕉

拉丁学名：Cannaceae generalis L.H.Baiileg cv.Striatus

形态特征：叶顶端急尖，宽椭圆形，互生，有明显的中脉和羽状侧脉，镶嵌着土黄、奶黄、绿黄诸色（图 3–303）。

67. 大叶栀子

拉丁学名：Gardenia jasminoides Ellis var. grandiflora Nakai

形态特征：叶对生，叶形多样；侧脉在下面凸起，在上面平；花冠白色（图 3–304）。

68. 白花玉簪

拉丁学名： Hosta plantaginea（Lam.）Aschers

形态特征： 叶卵状心形；花单生，白色（图 3–305）。

图 3–302　拂子茅形态特征

图 3–303　花叶美人蕉形态特征

图 3–304　大叶栀子形态特征

图 3–305　白花玉簪形态特征

69. 丝兰

拉丁学名： Yucca filamentosa L

形态特征： 茎短，叶基部簇生，呈螺旋状排列；叶片坚厚，顶端具硬尖刺；花轴发自叶丛间，花杯形，下垂，白色（图 3–306）。

70. 鸢尾

拉丁学名： Iris tectorum Maxim

形态特征：叶基生，中部略宽，顶端渐尖（图 3-307）。

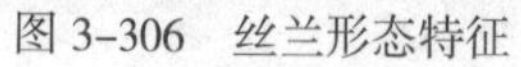

图 3-306　丝兰形态特征

图 3-307　鸢尾形态特征

71. 穗状鸡冠花

拉丁学名：Celosia plumosa

形态特征：穗状花序，密生线状鳞片，表面红色、紫红色或黄白色（图 3-308）。

72. 鸡冠花

拉丁学名：Celosia cristata L

形态特征：花多为紫红色，呈鸡冠状（图 3-309）。

73. 郁金香

拉丁学名：Tulipa gesneriana L

形态特征：茎叶被白色粉，全缘并呈波形（图 3-310）。

图 3-308　穗状鸡冠花形态特征

图 3-309　鸡冠花形态特征

74. 牡丹

拉丁学名：Paeonia suffruticosa Andrews

形态特征：顶生小叶 2~3 浅裂；侧生小叶狭卵形，蓇葖果长圆形，密生黄褐色硬毛（图 3-311）。

图 3-310 郁金香形态特征

图 3-311 牡丹形态特征

75. 千屈菜

拉丁学名：Lythrum salicaria L

形态特征：茎直立，多分枝具 4 棱；叶对生或三叶轮生；花簇生，花枝穗状花序（图 3-312）。

76. 帚枝千屈菜

拉丁学名：Lythrum virgatum Linn

形态特征：叶对生，有时上部互生，线状披针形，边缘有时具微小锯齿；顶生总状花序，总花梗极短，萼筒管状钟形（图 3-313）。

图 3-312 千屈菜形态特征

图 3-313 帚枝千屈菜形态特征

77. 美国薄荷

拉丁学名： Monarda didyma L

形态特征： 茎直立，四棱形；叶对生，背面有柔毛，缘有锯齿；花簇生于茎顶，淡紫红色（图 3–314）。

78. 蓍

拉丁学名： Achillea millefolium L

形态特征： 茎直立，有细条纹，中部以上叶腋常有缩短的不育枝；叶二至三回羽状全裂，一回裂片多数；头状花序多数，密集成复伞房状（图 3–315）。

图 3–314　美国薄荷形态特征

图 3–315　蓍形态特征

79. 桔梗

拉丁学名： Platycodon grandiflorus（Jacq.）A. DC

形态特征： 叶轮生；花单朵顶生，花萼钟状五裂片；花冠大，紫色（图 3–316）。

80. 狭叶牡丹

拉丁学名： Paeonia delavayi Franch. var. angustiloba Rehder & E. H. Wilson

形态特征： 叶裂片狭窄，为狭线形或狭披针形（图 3–317）。

81. 日光菊

拉丁学名： Heliopsis helianthoides

形态特征： 叶下面具柔毛，边缘具粗齿；头状花序，单生；舌状片先端渐尖，黄色（图 3–318）。

82. 大滨菊

拉丁学名： Leucanthemum maximum（Ramood）DC

形态特征：叶互生，边缘具细尖锯齿；头状花序，单生枝端；舌状花白色（图3-319）。

图 3-316 桔梗形态特征

图 3-317 狭叶牡丹形态特征

图 3-318 日光菊形态特征

图 3-319 大滨菊形态特征

83. 凤眼蓝

拉丁学名：Eichhornia crassipes（Mart.）Solms

形态特征：茎极短，具长匍匐枝，与母株分离后长成新植物；叶在基部丛生，莲座状排列；叶片圆形，全缘，质地厚实，两边微向上卷，顶部略向下翻卷；叶柄中部膨大成囊状（图 3-320）。

84. 睡莲

拉丁学名：Nymphaea tetragona Georgip

形态特征：叶心状卵形或卵状椭圆形，全缘；花梗细长，花瓣白色（图 3-321）。

图 3-320　凤眼莲形态特征

图 3-321　睡莲形态特征

下篇

团队管理

第四章 执行团队的两大标准和“三级”关系

员工和管理者组成的一个团队，以“做事和敬业的品格”“全局意识和大局观念”“形和势的标准”来约束自己的行为。

第一节　形

“形”作为执行团队的标准之一，对传达企业的理念和文化有着重要作用。

站如松、坐如钟、行如风：站着要像松树那样挺拔，坐着要像座钟那样端正，行走要像风那样快而有力。

第二节　势

“势”作为执行团队的标准之二，对企业的发展起着决定性作用。

“势”中的人心势、气势、优势、趋势、势能等的发挥取决于制度和文化。

汇聚商学院有句理念：“制度是硬的，文化是软的。只有软硬兼施、刚柔并济才能把文化推行到极致”。

光有制度没有文化，要么执行有力，要么团队崩盘；光有文化没有制度，要么自然推动，要么软弱无力。

一个企业不是老板管理所有的人，而是“一伙人”管理另外“一伙人”。把心交给企业，把文化渗入血液、刻入骨髓变成自己的一部分，你就真正成为一个企业人，你就成为老板的“一伙人”。

规范是一种精神，一种可贵的制度。没有规范，就没有权威，规范意味着你不但懂得做人和做事，而且懂得如何做好它们。

第三节 “三级”关系

“三级”关系：管理（甲方代表）团队控制阶段工期；监理团队控制“三控两管一协调”；施工团队控制进度计划。“三级”之间为协作关系。

管理团队负责工程项目总工期目标以及阶段工期目标制定、工程进度计划的审批及工程总体协调。

“三控两管一协调”是指：“三控”即工程进度控制、工程质量控制、工程投资（成本）控制；“两管”即合同管理、信息管理；“一协调”即全面地组织协调。

施工团队负责制订工程总体进度计划和阶段进度计划，严格按计划科学合理组织施工；及时按照监理团队要求调整进度计划，处理施工中影响进度的各类问题。

第四节 项目参建团队的职权与职责

（1）业主：项目建设单位。

（2）项目管理团队：受业主委托，在授权范围内管理所有承包商、材料供货商、监理、设计等团队。就工程管理工作对业主负责；对业主另行选聘的造价咨询团队进行统筹管理，并依据业主要求协助业主对造价咨询团队的工作成果进行审核。

（3）设计团队：受业主委托，负责项目方案设计、初步设计及施工图设计等全面设计工作。对专项设计成果进行复核和签字。

（4）监理团队：受业主委托，负责担任项目各项工程施工监理工作。

（5）施工团队：全面负责现场施工管理（包括协调管理所有材料设备供应、分包商、现场总体质量安全文明施工进度等）。

（6）材料供货团队：对部分专业工程，由业主选定的材料设备供货团队，可能与承包团队签订分包合同，也可能不签，负责供应该专业工程的材料与设备。

（7）其他参建团队：是项目的组织者、管理者和协调者，即管理与被管理、协调与被协调、整体与局部关系。

（8）授权管理，合法管理：项目管理工作应按照项目管理合同约定及业主授权范围进行。为便于项目管理工作的顺利开展，各参建团队明确各自在项目管理上的法律地位，以及项目管理责任、权力和利益。

（9）发挥所有参建团队的专业和资源优势，达到项目全面优化与组合，充分发挥各方专业特长为项目服务（图 4–1）。

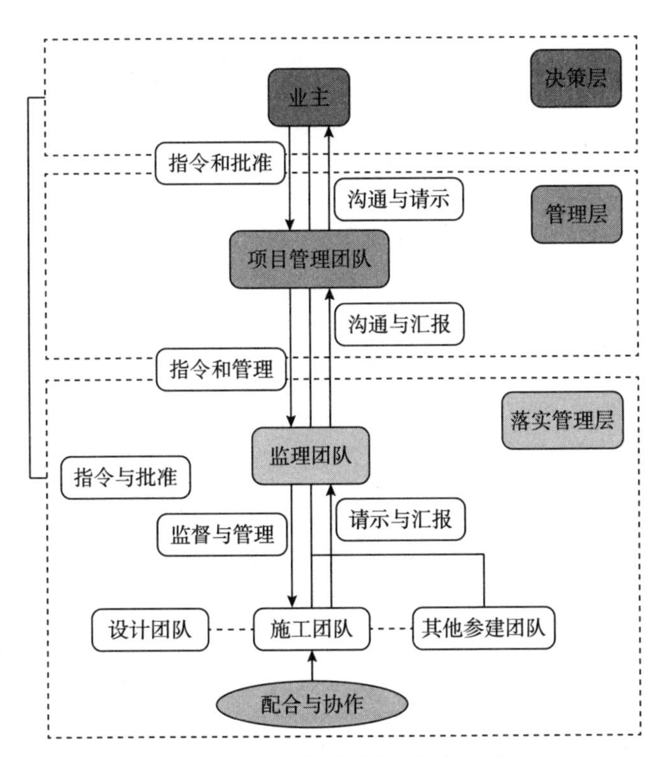

图 4–1　项目参建团队职权与职责

第五章
项目管理的真正落地

项目管理是园林景观工程的一项较为复杂且具有创造性的工作，涉及面非常广。

第一节　统一管理，规范施工

把一个项目管理好，要做到提前进行施工准备，包括：对施工的场地进行详细了解，收集相应资料，根据工程的分部、分项对专业技术人员进行明确分工。

专业工程师要做到开工前的技术交底，明确工作内容和要求。按标准、规范开展工作。

第二节　建立健全项目资料档案

项目部要建立健全资料档案体系（图 5-1），收集相关资料，按规范和标准填写技术表格（表 5-1），保证施工进度与资料同步、真实。

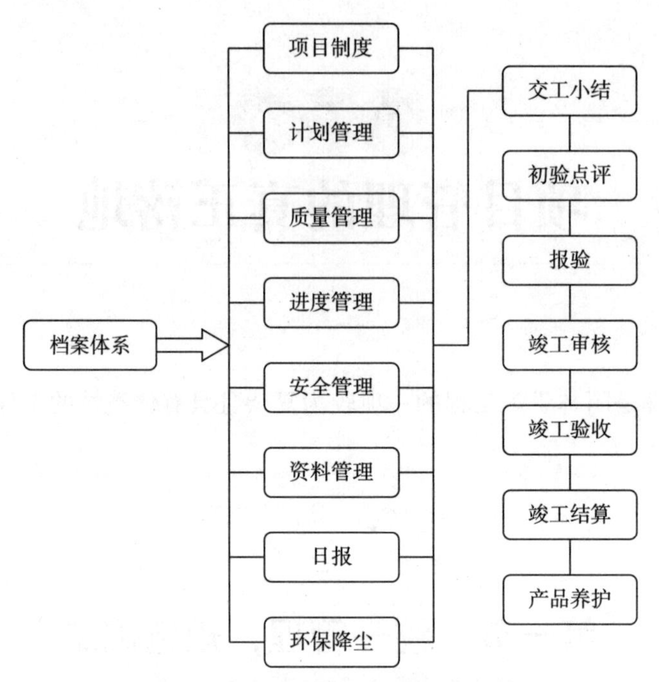

图 5-1　项目部建立健全资料档案体系

表 5-1 收集相关资料和填写的技术表格

类别编号	范围	保管期限	收集单位
一	前期文件		建设单位
（一）	决策立项文件	永久	
1	关于研究建设项目的会议纪要、领导批示		
2	下达的建设方案		
3	下达的工程专项建设任务书		
4	项目实施方案		
5	对项目实施方案的批复文件及评估报告		
6	环保、国土、规划、水务等相关部门意见		
（二）	勘察、测绘、设计文件	永久	
1	工程地质勘察报告		
2	水文地质勘察报告		
3	对施工设计方案的审查意见		
4	对施工设计方案的审定批复文件		
5	审定批复的施工设计图（包含工程概算、设计说明书）		
（三）	工程招标及相关合同文件	永久	
1	勘察招、投标文件		
2	设计招、投标文件		
3	拆迁招、投标文件		
4	施工招、投标文件（包含设备、材料的招、投标）		

续表

类别编号	范围	保管期限	收集单位
5	监理招、投标文件		
6	勘察合同		
7	设计合同		
8	拆迁合同		
9	施工合同		
10	监理合同		
11	中标通知书		
二	监理文件		监理公司
（一）	监理管理文件	30 年	
1	监理规划、监理实施细则		
2	监理月报		
3	监理会议纪要		
4	工程项目监理日志		
5	监理工作总结		
（二）	施工监理文件	30 年	
1	工程技术文件报审表		
2	施工测量放线报验表		
3	施工进度计划报审表		
4	工程物资进场报验表		
5	苗木、种子进场报验表		
6	工程动工报审表		
7	分项、分部工程施工报验表		
8	（ ）月工、料、机动态表		
9	工程复工报审表		
10	（ ）月工程进度款报审表		
11	工程变更费用报审表		
12	费用索赔申请表		
13	工程款支付申请表		
14	工程延期申请表		
15	监理通知回复单		
16	监理通知		
17	旁站监理记录		
18	监理抽查记录		
19	不合格项处置记录		
20	工程暂停令		
21	工程延期审批表		
22	费用索赔审批表		
23	工程款支付证书		
24	见证记录		
25	有见证取样和送检见证人备案书		

续表

类别编号	范围	保管期限	收集单位
26	有见证试验汇总表		
（三）	其他文件	30 年	
1	工作联系单		
2	工程变更单		
三	施工文件		施工单位
（一）	工程管理文件	30 年	
1	工程概况表		
2	工程建设大事记		
3	工程质量事故记录		
4	工程质量事故调（勘）查记录		
5	工程质量事故处理记录		
6	单位（子单位）工程质量竣工验收记录		
7	单位（子单位）工程质量控制文件核查记录		
8	单位（子单位）工程安全、功能和植物成活要素检验文件核查及主要功能抽查记录		
9	单位（子单位）工程观感质量检查记录		
10	单位（子单位）工程植物成活率统计记录		
11	施工总结		
12	工程质量竣工报告		
（二）	施工管理文件	30 年	
1	施工现场质量管理检查记录		
2	施工日志		
（三）	施工技术文件	30 年	
1	施工组织设计		
2	施工组织设计审批表		
3	图纸会审记录		
4	设计交底记录		
5	技术交底记录		
6	设计变更通知单		
7	工程洽商记录		
8	安全交底记录		
（四）	施工物资文件	30 年	
1	通用表格		
（1）	工程物资选样送审表		
（2）	材料进场检验记录		
（3）	材料试验报告（通用）		
（4）	设备开箱检验记录		
（5）	设备及管道附件试验记录		

续表

类别编号	范围	保管期限	收集单位
（6）	产品合格证衬纸（苗木“两证一签”）		
2	绿化种植工程		
（1）	苗木选样送审表		
（2）	苗木进场检验记录		
（3）	客土进场检验记录		
（4）	客土试验报告		
3	园林铺地、园林景观构筑物及其他造景工程		
（1）	各种物资出厂合格证、质量保证书和商检证		
（2）	预制钢筋混凝土构件出厂合格证		
（3）	钢构件出厂合格证		
（4）	水泥性能检测报告		
（5）	钢材性能检测报告		
（6）	木结构材料检测报告		
（7）	防水材料性能检测报告		
（8）	水泥试验报告		
（9）	砂试验报告		
（10）	钢材试验报告		
（11）	碎（卵）石试验报告		
（12）	木材试验报告		
（13）	防水卷材试验报告		
4	浪费钱不林用电工程		
（1）	低压成套配电柜、动力照明配电箱出厂合格证、生产许可证、试验记录、CCC 认证及证书复印件		
（2）	电动机、低压开关设备合格证、生产许可证、CCC 认证及证书复印件		
（3）	照明灯具、开关、插座及附加出厂合格证、CCC 认证及证书复印件		
（4）	电线、电缆出厂合格证、生产许可证、CCC 认证及证书复印件		
（5）	电缆头部件及钢制灯柱合格证		
（6）	主要设备安装技术文件		
5	浪费钱不林给排水工程		
（1）	管材产品质量证明文件		
（2）	主要材料、设备等产品质量合格证及检测报告		
（3）	水表计量检定证书		
（4）	安全阀、减压阀调试报告及定压合格证书		
（5）	主要设备安装使用说明书		
（五）	施工测量监测记录	30 年	
1	工程定位测量记录		

续表

类别编号	范围	保管期限	收集单位
2	测量复核记录		
3	基槽验线记录		
（六）	施工记录	30年	
1	通用表格		
（1）	施工通用记录		
（2）	隐蔽工程检查记录		
（3）	预检记录		
（4）	交接检查记录		
2	绿化种植工程		
（1）	绿化用地处理记录		
（2）	土壤改良检查记录		
（3）	病虫害防治检查记录		
（4）	苗木保护记录		
3	园地铺地、园林景观构筑物及其他造景工程		
（1）	地基处理记录		
（2）	地基钎探记录		
（3）	桩基础施工记录		
（4）	砂浆配合比申请单、通知单		
（5）	混凝土配合比申请单、通知单		
（6）	混凝土浇筑申请单		
（7）	混凝土浇筑记录		
4	园林用电工程		
（1）	电缆敷设检查记录		
（2）	电器照明装置安装检查记录		
（七）	施工试验记录	30年	
1	通用表格		
（1）	施工试验记录（通用）		
2	园林铺地、园林景观构筑物及其他造景工程		
（1）	土壤压实度试验记录（环刀法）		
（2）	土壤压实度试验记录（灌沙法）		
（3）	混凝土抗压强度试验报告		
（4）	砌筑砂浆抗压强度试验报告		
（5）	混凝土抗渗试验报告		
（6）	钢筋连接试验报告		
（7）	防水工程试水记录		
（8）	水池满水试验记录		
（9）	景观桥荷载通行试验记录		

续表

类别编号	范围	保管期限	收集单位
（10）	土壤干密度试验记录		
3	园林给排水工程		
（1）	给水管道通水试验记录		
（2）	给水管道水压试验记录		
（3）	污水管道闭水试验记录		
（4）	管道通球试验记录		
（5）	调试记录（通用）		
4	园林用电工程		
（1）	夜景灯光效果试验记录		
（2）	设备单机试运行记录（通用）		
（3）	电气绝缘电阻试验记录		
（4）	电器照明全负荷试运行记录		
（5）	电气接地电阻测试记录		
（6）	电气接地装置隐检 / 测试记录		
（八）	施工质量验收记录	30 年	
1	检验批质量验收记录		
2	分项工程质量验收记录		
3	分部（子分部）工程质量验收记录		
四	竣工验收文件		
（一）	工程竣工备案文件	30 年	
1	工程竣工验收通知单		
2	工程竣工验收备案表		
3	工程竣工验收报告		
4	勘察、设计单位质量检查报告		
5	养护、保修责任书，设备使用说明书		
6	交付使用固定资产清单		
7	开工前原貌、施工过程、竣工新貌等照片		
（二）	工程竣工验收监理文件	永久	
1	单位（子单位）工程竣工预验收报验表		
2	工程质量评估报告		
3	竣工移交证书		
（三）	工程竣工决算文件	永久	
1	项目四方验收单		
2	项目竣工图		
3	验收自查报告		
4	市级验收核查报告		
5	工程竣工总结		

续表

类别编号	范围	保管期限	收集单位
6	竣工结算报告		
7	竣工决算报告审核报告（评审文件）		
8	竣工决算审核结果		

第三节　努力推动团队管理和技能的提升

要进一步提升管理团队和施工团队人员专业技能，项目部要鼓励他们学习园林知识，并辅以专业技能和知识的培训，逐渐提升其专业水平。除此之外，管理者应该与他们持续保持良好的沟通，并通过激励机制、奖惩机制及严明的纪律来促进他们的工作效率不断提高，并激发他们的工作热情。专业技能提升了，施工操作就能有效掌控，工程品质也就上来了。

在项目实施过程中，咬定目标，克难攻坚，团结奋进，努力推进，一定能实现园林人的美好梦想！

第六章 团队管理者综合素质提升

管理者是公司的中坚力量和领导者。作为领导者，就应当承担相应的职责，首先要管理好自己，正人先正己，身正令才行，自己做好了，才可能影响到别人，成为一位受人尊重的领导者或管理者，尤其是项目经理这个职位很有挑战性。

“管理”是建立在合法、有报酬和强制性权力基础上的，“领导”更多的是建立在个人影响权和专长权以及模范作用基础上的。领导者必然会有部下或追随者，领导者拥有影响部下的能力，领导的目的是通过影响部下来实现公司的目标和愿景。

要用准则、标准来衡量一个管理者的工作。譬如技术总工：

（1）在总经理领导下，主持公司的技术和技术管理工作，不断推进公司技术进步，总管公司技术系统。

（2）组织审查施工方案的研讨、分析工作，监督、检查、指导、解决有关技术问题，配合对内外关系的协调。

（3）负责审核工程安全、质量的技术实施方案、施工组织设计及与施工相关的环境保护等措施，建立健全安全保证体系，强化质量监督，解决工程建设质量中的重大技术问题。

（4）配合项目部对建设方、设计方提出优化方案，展示公司施工强项而屏蔽弱项并负责设计变更的复核确认。

（5）对在施项目的安全、技术、质量和进度进行跟进与控制。

（6）参与专业监理工程师组织的分项工程验收。

（7）负责将不合格品的评判、处置请示（或呈报）总经理。

（8）负责审查项目部工程项目竣工技术资料编制的报审工作。

（9）负责开发或施工工艺流程、标准、规程和职工的培训工作。

一个人可能既是管理者也是领导者，但并不是所有的管理者都能成为领导者。

管理者首先要管理好自己，管理者虽然握有职权，但必须通过自己的专业特长和影响力去影响别人，努力成为合格的领导者。

第一节　管理者能力的提升

宁夏宁苗园林公司董事长余根民先生说：“项目管理是公司管理的核心，项目管理不好，客户不满意。要实现客户的愿望，管理者必须提高自我管理的能力、团队发展的能力。”

团队氛围很重要，什么样的氛围，孵化什么样的人。氛围就是人心，氛围就是团队的人心势。“近朱者赤，近墨者黑”说的也是这种氛围。所以说人才成长的关键举措就是营造出好的氛围。营造出好的氛围的第一责任人就是部门的负责人。负责人是什么样的风格，团队就会变成什么样的风格。

一个人一旦走上管理岗位，特别是主要管理岗位，其成功之举不再是发展自己，而是发展别人。也就是说，领导者行使领导职权的过程，在很大程度上就是不断地发现别人、发展别人的过程。这个过程，就是团队提升的过程。用韦尔奇的话说就是：“在你成为领导以前，成功只同自己的成长有关。当你成为领导以后，成功都同别人的成长有关”。作为一个管理者，你不是让你变的很强，而是让你的队员变的更强，变得更会协同。

能力的提升是综合性的，要提升的是什么呢？是通过专业化服务能力、管理能力、成本控制能力及经营人的能力的提升来达到让客户满意。

作为管理者，首先正直，以坦诚精神、透明度和声望，建立别人对自己的信赖感。

第二节　管理者如何提升员工能力

员工为何成长慢？为何融入团队难？关键原因是各自都太独立，互相不交流，心的距离太远，有点认识都是自己苦苦闷出来的。如果通过与人分享、讨论、碰撞形成共识，不仅丰富了员工自己的思路，还能坚定工作的执行力，有助于员工自信心的提升。

员工能力的提升要具备三个条件：一是有强烈的工作愿望，服从指挥，个人价值观与公司文化的价值取向保持一致；二是专业技能要达到岗位标准；三是未来成长有潜力。

三种人可用：

（1）勤奋好学的人可培养使用。

（2）勤奋好学、忠诚的人可重用。

（3）勤奋好学、忠诚、创新的人可破格任用。

九类人不用：

（1）纪律散漫，夸夸其谈的人不用。

（2）拉帮结派，挑拨是非的人不用。

（3）大局观弱，执行力差的人不用。

（4）故步自封，不思进取的人不用。

（5）狂妄自大，屡教不改的人不用。

（6）心胸狭隘，斤斤计较的人不用。

（7）言而无信，弄虚作假的人不用。

（8）不懂感恩，冷漠待人的人不用。

（9）以权谋私，唯利是图的人不用。

公司要培养敢承担责任、能承受压力、能受得了委屈、敢挑担子、说干就干的人。要培养爱学习、敢创新、能协作、有结果的人。

在育人方面，要大胆放手让人干事，但要抓住每件事的事前交待和“关键节点”，对关键节点注意控制，保证每件小事能做好，才能把大事做好，这叫“授权与控制”，即在授权中有控制，在控制中有授权。假如授权后已无法控制局面，那就是管理的灾难。

人才是公司最大的资产，经营好就是正资产，经营不好就是负资产。能经营人心的领导才能经营好团队。

公司的发展最终是人才的发展，人才的发展最终是公司各管理骨架人才的发展。管理骨架人才不倒，即公司不倒；管理骨架人才发展，即公司发展。管理好公司骨架人才是重中之重的大事。用最优秀的人去培养更优秀的人。

第三节　管理者如何提升项目管理水平

项目管理水平的提升主要是项目生产管理的提升。项目生产管理在抓什么？就是抓安全生产，以及工期、质量、效果与成本。

项目生产管理的责任人是项目经理，他必须具备影响人的能力、控制成本的能力、业务熟练掌握控制的能力三大要素。

作为一个管理者必须要有影响力。如何产生影响力呢？从能帮助别人实现需求、做敢于承担责任的人、做有结果的人、做有包容力的人四个方面塑造自己。

抓好项目管理就是管理者工作本领的重要体现，更是一个人道德品质的重要标志。项目经理（管理者）对本系统、本部门的工作务必做到想透、说清、干实，即做到吃透理论上的逻辑，把握规律性；吃透政策法规的分寸，把握稳健性；吃透同行单位发展的思路和办法，把握借鉴性；吃透公司的战略和举措，把握针对性。项目经理必须向自己的团队讲清楚、说透彻，目前干什么？为什么？如何干？目标任务是什么？时限和质量要求是什么？思路和办法是什么？结果和考核标准是什么？责任如何追究？只有这样，才能思想通、思路清、责任明、步调齐。按照科学明晰的思路，尊重规律，把握规律，运用规律，带领团队以踏石留印、抓铁有痕的作风，一抓到底，抓出成效。

第四节　管理者怎样把质量管理进一步提升

作为管理者的总工程师（简称总工）是把控质量管理的第一道防线，任务之一是把项目部技术人员培养成业务过硬的行家里手。项目部对各专业技术人员进行业务培训，跟着总工学，很快把园林绿化景观工程施工制定出的技术标准复制到工程上。

1. 管理者的工作任务、制订出相应工作流程：

（1）项目经理管理流程。

（2）项目管理技术流程。

（3）项目管理思维模式。

（4）项目施工管理流程。

（5）绿化工程种植施工工艺。

（6）绿化养护施工工艺。

（7）苗木病虫害防治措施。

（8）苗木侵害源的分类方法。

（9）病虫害防治技术交底。

（10）苗木主要害虫识别及防治方法。

（11）苗木非种植季节种植技术。

2. 制订出科学的技术标准：

有了标准，技术就可以复制到工程全过程，能起到事半功倍的效果。让有标准的技术不再是核心技术。

（1）进场苗木验收标准。

（2）种植施工工艺流程及标准。

（3）养护施工工艺流程及标准。

（4）园林景观建造验收标准。

（5）园林景观工程施工及质量验收规范。

（6）园林景观工程内验考核标准。

3. 给自己压担子，对事有担当：

（1）深入服务项目、技术指导为先。坚持“强化验收、完善措施、过程控制”的思想。

（2）严格施工工艺流程和标准，紧密跟踪项目进展，为“提升品质、打造特色、降低成本”而努力。

（3）不断完善、修订、研发本公司特色的技术流程、标准或规程。

（4）不断研发工程业务培训课件，逐步提升技术人员业务水平。

第五节　学会辩证看问题

园林景观效果的核心因素是技术。客户需要园林景观公司，但最看重的是公司的技术。学会以客户价值为中心就会懂得当前发展技术的重要性。公司的专业技术很多，最直接呈现在客户面前的有：植物种植技术、园林景观工程建设施工技术、苗木养护技术、灯光电照技术、造景技术等，但它们都必须最终服务于客户最关注的效果。

公司要从多方面选择、培养、发展有技术的施工队、分包商和供应商来快速提升公司的技术实施能力及品牌。

公司的发展，需要大量具有激情、思考力、执行力的管理人才来支撑，需要与公司心贴心、敢于担当的优秀人才来支撑。

管理者的能力很重要，但比能力更重要的是品德。管理者首先是管理自己，用忠诚、敬业、主动、负责、效率、结果、沟通、合作、积极、低调、节约、感恩来影响他人。

一位园林公司董事长曾说："项目管理是这个团队管理的核心，项目没管好，客户就不满意。要使客户满意，公司就要以客户价值为中心，就要清楚地知道，客户花钱找我们就是为了工程效果。"我们紧紧抓住客户这个愿望，并努力做好它，客户就会真心爱我们，支持我们。

堂堂正正做人，明明白白做事，永远不要丢掉客户和团队对你的信任。因为别人信任你，是你在别人心目中存在的价值，人生路很长，自己别把路走短了。把人做好了，什么都会有的，永远不要透支身边人对你的信任，多一点真诚，少一点套路，千金易得，信任难求。

第七章
优秀项目部工作方案

工作方案是对工作做出的最佳安排，并具有较强方向性、指导性的筹划，是现代领导科学达到某一特定效果的工作思维方式，体现了项目管理者的高瞻远瞩和深思熟虑，是通过周密思考，从不同角度设计出来的工作方案。

第一节　工作流程

工作流程是工作事项的活动流向顺序，组织系统中各项工作之间的逻辑关系，在一个建设工程项目实施过程中，需要工作流程组织来完成（表 7–1~ 表 7–4）。

表 7–1　工作流程——施工准备阶段

顺序号	工作客户关系事项	完成工作内容
1	项目经理布置工作	1. 熟悉图纸，规范合同； 2. 了解工程概况及工程的整体要求； 3. 熟悉图纸、合同文件，以及技术规范、法律法规等
2	项目总工布置工作	1. 考察现场，参与图纸会审； 2. 编写考察报告； 3. 参加设计交底及图纸会审，提出问题形成纪要
3	项目总工进行交底	1. 接受单位工程环境、安全、技术交底； 2. 熟悉交底的内容
4	在项目总工的指导下	1. 编制施工组织设计、施工方案； 2. 编写施工组织设计包括临时用电； 3. 编写各专项施工方案； 4. 参加专项方案讨论会
5	按经批准后的方案	1. 临时建的设计及实施； 2. 现场“四通一平”； 3. 办公区、生活区、加工区、操作区场地等的设计及实施（包括水电道路等）

续表

顺序号	工作客户关系事项	完成工作内容
6	与测量、试验部门及时沟通	1. 配合测量设置基线、控制点，参与进场安全教育； 2. 安排施工队伍进场
7	项目经理工作布置	1. 编制安全、环保、技术等交底； 2. 对施工队进行各项交底
8	与各业务部门沟通协调	1. 提交项目材料计划； 2. 核对各项数据； 3. 提交各项计划、数据于领导审批

表 7–2　工作流程——进入现场阶段

顺序号	工作客户关系事项	完成工作内容
1	开工报告	项目部在工程开工前 5 天内务必报送工程部备案
2	进场工作制度	1. 进场 7 天内，项目经理主持施工进场会议； 2. 施工项目召开进场（开工动员）会议时，务必有工程部、预算部、采购部、监管部、财务核算部、劳务施工班组及项目部全体人员，以及各工种工长参加； 3. 签订目标责任书； 4. 项目管理组织机构的组成与职责分工等； 5. 落实内部图纸会审时间； 6. 落实施工组织设计编制的内容：材料总计划（土建、植物、水电）、工期计划、劳动力及设备计划、成本控制计划等； 7. 工程质量、安全文明施工、景观效果等相关问题的安排和落实； 8. 落实内部合同学习及交底的相关事宜； 9. 落实项目资金计划； 10. 前期经营中涉及合同（协议）谈判中的关键内容及建设方相关人员的人脉关系情况的交底
3	开工项目场地移交管理	1. 为了规避项目管理风险，避免开工项目因与建设单位未办理正式的场地移交手续，出现施工范围不清、施工内容不清、完工时间节点不清，以及原有地下管线、管网和构筑物不清等情况的发生，给项目管理带来严重索赔风险，对开工项目的场地必须完善场地移交签字手续后才能进场施工； 2. 已签字完善的场地移交手续原件由资料员保存
4	项目制度	1. 学习制度：①专业技能学习、合同学习；②公司管理制度学习、公司管理流程学习； 2. 例会制度：周例会、月例会； 3. 值班制度：节假日值班、夜间施工值班及其值班记录
5	计划管理	1. 劳动力计划； 2. 材料计划； 3. 机械台班计划； 4. 资金计划

表 7–3　工作流程——施工阶段

顺序号	工作客户关系事项	完成工作内容
1	项目总工布置工作	1. 编制施工计划，组织设备、材料进场； 2. 明确项目目标并编制施工方案； 3. 对人、材、机等进行检验验收

续表

顺序号	工作客户关系事项	完成工作内容
2	质量管理	1. 组织样板施工，推广施工标准的实施； 2. 收集施工数据，做好样板施工总结； 3. 完善施工组织设计； 4. 现场施工员或项目经理对施工班组进行分部、分项工程现场技术交底； 5. 项目部各专业技术人员每天对现场实际施工进展情况全面、认真、如实的填写施工日志
3	安全、技术、质量部门参与	1. 按施工组织设计方案落实技术控制措施； 2. 按照施工组织设计方案对各分部、分项安全、环保、质量技术控制措施的落实检查
4	安全部门参与	1. 做好安全监督检查，落实隐患整改； 2. 按规定落实安全防护措施； 3. 做好施工过程的安全监督检查； 4. 及时进行隐患整改
5	项目经理审批实施	1. 编制周、月进度计划并落实； 2. 根据工程量、工期等编制周、月进度计划
6	项目总工指导	1. 工序严加控制； 2. 下达工序作业指导书； 3. 检查、控制作业指导书落实情况
7	技术、质量部门参与	1. 严格执行“操作者的自检、班组之间的互检和现场监理人员专检”的“三检”制度，填写各项验收表； 2. 报监理验收
8	项目总工指导	1. 核对清单； 2. 核对工程施工与图纸的正确性，及时进行图纸变更或洽商； 3. 填写有关技术签证单
9	项目经理监督指导	根据工程实际提出指导性意见、设计变更、生产管理等建设性意见和建议
10	项目总工监督指导	1. 填写施工日志，保存施工过程原始技术资料； 2. 收集整理、保存原始技术资料
11	与各部门协调沟通	1. 召集安全、环保、质量、生产通气检查协调会； 2. 督办存在的问题
12	项目经理指导	1. 综合协调解决存在的问题。重大疑难问题及时向主管领导汇报； 2. 编制成品保护方案，做好工程的成品保养和保护工作； 3. 填写交接成品保护记录； 4. 安排实施创建文明工地和优质工程方案
13	与工程相关部门配合	1. 做好工程收尾工作； 2. 协助材料部门清点各种物资材料； 3. 协助项目经理组织机械、劳务、材料等顺利安全退场

续表

顺序号	工作客户关系事项	完成工作内容
14	进度管理（签订合同协议书后7天内向所在项目总监办提交详细的《施工组织设计》《总体工程进度计划》《安全及文明施工管理措施》《施工安全应急措施》）	1. 项目部必须在编制下月工作计划前与建设单位充分衔接，落实下月能完成的实际施工作业面及产值，并结合项目具体实际情况编制详细的月形象进度计划（横道图），同时需编制月进度产值的分部分项工程的量价构成表，月进度计划表和产值量价构成表必须于每月28日前由项目经理签字后传工程部确认； 2. 项目部在报送下月进度计划和产值量价构成表时，需同时报送当月形象进度计划及产值完成情况表（即当月形象进度完成情况、当月报送产值情况），对报送产值超过计划产值 ±10% 的需要说明产生偏差的理由； 3. 项目部必须在每月28日把上月实际到场的所有材料数量、价格，机械台班费用传工程部； 4. 安全技术交底： ①现场施工员（或主管工程师）对施工班组进行分部、分项工程现场安全技术交底（工长或代班要有一份纸质资料以便检查）； ②工程部将不定期进行检查； 5. 安全事故报告制度： ①项目部必须将安全事故隐患和事故伤亡情况及时报告工程部； ②项目施工过程中如发生安全、消防事故时，项目部必须于事故发生后第一时间将事故上报工程部，不得瞒报、漏报或延期上报； ③发生安全事故（工伤、火灾、盗窃等），项目部安全员必须及时调查，调查报告以书面形式上报工程部； 6. 安全检查： ①日常安全检查； ②节假日前安全检查； ③危险源、重点安全检查

表 7-4　工作流程——竣工验收阶段

顺序号	工作客户关系事项	完成工作内容
1	项目总工指导	编制竣工图
2	资料管理（与资料部门协作）	1. 协助资料员做好资料的收集、整理、归档； 2. 项目部必须建立施工图签收台账，及时填写收到的图纸名称、数量、日期及建设单位签字情况，施工图必须经建设单位签字或盖章； 3. 项目部必须自行保存建设单位签章完善的施工图一套，以便日后查验； 4. 项目部在工程开工后15天内必须提供一套建设单位签章完善的施工蓝图和施工图电子文档于工程部备案，以便对现场和资料的控制及后续竣工结算的办理； 5. 设计变更备案： ①设计变更、技术变更（洽商）记录是设计图补充修改的记载，要求在施工前办理完善，内容要明确具体，文字描述不清楚时要附图； ②有关设计变更、技术变更（洽商）记录，应由设计单位、施工单位、建设单位、监理单位各方代表签字盖章确认； ③技术变更（洽商）记录的办理流程为：谁施工谁负责出《技术变更（洽商）记录》草稿→资料员出正式稿→交预算员和项目经理审核→再由资料员报送建设单位和监理单位审核签章，签章料员收回保存； ④项目资料员必须建立《设计变更、技术变更（洽商）记录》台账并对每份变更单进行编号，于每月25日分别把《设计变更、技术变更（洽商）记录》电子台账传工程部备案；

续表

顺序号	工作客户关系事项	完成工作内容
2	资料管理（与资料部门协作）	6. 过程资料备案： ①要求项目在施工过程中及时填报过程材料报验和工序报验资料，并在规定时间内签字完善； ②项目资料员必须建立工程技术资料管理台账，并于每月 25 日分别把当月的工程技术资料管理台账（电子版）报送工程部备案。工程部随时对现场资料、过程竣工图绘制进行监督及跟踪检查
3	项目总工指导	1. 参加工程的验收； 2. 做好工程的施工技术与管理总结
4	完工报告	1. 项目部在工程现场实物施工完毕 5 天内，必须将该项目的相关信息报送工程部备案，确定竣工验收、竣工图绘制、竣工图签字、竣工档案资料移交、现场实物移交的完成时间节点报送工程部备案； 2. 内部验收现场点评：完工项目，提交内部完工报告后，公司组织人员作内部验收，并作现场点评考核，具体点评考核见《园林园林绿化工程内验考核标准》； 3. 竣工图内部审核： ①竣工图的审核流程及要求： A. 初审阶段：项目竣工图绘制完成后，资料员以竣工图（白图）和电子文档及竣工图（初审）表的形式送该项目的施工员、预算员和项目经理（或项目负责人）水电工长、植物工长进行初审，施工员、预算员和项目经理（或项目负责人）水电工长、植物工长在 4 个工作日内完成初审后返回给资料员，资料员按初审修改内容进行竣工图重新绘制； B. 复审阶段：项目部资料员按初审要求修改绘制完成后，以施工员、资料员和项目经理（或项目负责人）水电工长、植物工长已初审的竣工图（白图）和修改后的电子文档及竣工图（复审）表的形式送施工员、预算员和项目经理（或项目负责人）水电工长、植物工长进行复核，施工员、预算员和项目经理（或项目负责人）水电工长、植物工长在 2 个工作日内完成复审后返回给资料员； C. 送建设单位及监理单位阶段：项目部资料员按复审要求修改绘制完成后，送项目资料员完整的再计算一遍，确定无误后才能报建设单位和监理单位审核签字； ②工程部将对竣工图绘制进行指导、培训，监督、复核、检查和管理； ③项目部必须按报送工程部备案时间，完成该项目的竣工验收和资料移交以及实物移交，项目部资料和实物移交完成后 10 天内，将实物移交、资料移交清单（原件）和完整的一套竣工档案资料（原件）以及竣工图光盘交工程部存档备案； ④竣工验收：竣工验收时间的规定，工程项目完工后，必须在一个月内办理完成现场竣工验收，具体完成时间节点由工程部根据项目情况确定； ⑤竣工结算：按照结算相关管理办法执行； ⑥工程移交：现场竣工验收完成后，必须在 30 天内完成现场土建、水电和植物实物移交，具体完成时间节点由工程部根据项目情况确定

第二节　内部检查验收考核标准

项目主体对照验收规范、标准，采用科学的考核方式，评定项目部的工作任务完成情况、员工的工作职责履行程度和员工的发展情况，并且将评定结果反馈给项目部（表 7–5）。

表 7–5　内部检查验收考核标准

<table>
<tr><td colspan="15">一、总则</td></tr>
<tr><td colspan="15">1．为快速提升园林工程质量效益，提高项目部人员的技术管理水平和工作积极性，使工程施工及质量进一步规范化</td></tr>
<tr><td colspan="15">2. 坚持以“强化验收、完善措施、过程控制”的指导思想</td></tr>
<tr><td colspan="15">3. 本细则由总工办制定并实施</td></tr>
<tr><td colspan="15">二、考核原则</td></tr>
<tr><td colspan="15">1. 强化岗位责任制的原则</td></tr>
<tr><td colspan="15">2. 坚持客观，实事求是，注重工作实效的原则</td></tr>
<tr><td colspan="15">3. 以考核标准为手段，不断提升现场技术人员的执行力和园林产品品质，增强责任心的原则</td></tr>
<tr><td colspan="15">4. 项目完工，组织甲方验收前，通知总工办进行内验，内验成绩与项目管理人员计提发放挂钩</td></tr>
<tr><td colspan="15">三、考核内容</td></tr>
<tr><td rowspan="2">考核项目</td><td rowspan="2">考核内容</td><td rowspan="2">层次</td><td rowspan="2">工程分项名称</td><td rowspan="2">1
（优良）</td><td rowspan="2">0.8
（合格）</td><td rowspan="2">0.6
（不合格）</td><td rowspan="2">检测方法</td><td rowspan="2">权重 / %</td><td colspan="6">项目部名称</td></tr>
<tr><td>检查值</td><td>得分</td><td>检查值</td><td>得分</td><td>检查值</td><td>得分</td></tr>
<tr><td>工程质量</td><td colspan="2">面层平整度</td><td>水泥砖</td><td>偏差≤±2mm</td><td>偏差≤±3mm</td><td>偏差>4mm</td><td>用2m靠尺和楔形塞尺检查</td><td>3</td><td></td><td></td><td></td><td></td><td></td><td></td></tr>
<tr><td rowspan="4">工程质量</td><td colspan="2" rowspan="4">面层平整度</td><td>青砖</td><td>偏差≤±1mm</td><td>偏差≤±2mm</td><td>偏差>3mm</td><td>用3m靠尺和楔形塞尺检查</td><td>3</td><td></td><td></td><td></td><td></td><td></td><td></td></tr>
<tr><td>嵌草砖</td><td>偏差≤±3mm</td><td>偏差≤±4mm</td><td>偏差>5mm</td><td>用4m靠尺和楔形塞尺检查</td><td>3</td><td></td><td></td><td></td><td></td><td></td><td></td></tr>
<tr><td>大理石、花岗岩面层</td><td>偏差≤±1mm</td><td>偏差≤±2mm</td><td>偏差>3mm</td><td>用5m靠尺和楔形塞尺检查</td><td>3</td><td></td><td></td><td></td><td></td><td></td><td></td></tr>
<tr><td>混凝土面层</td><td>偏差≤±3mm</td><td>偏差≤±4mm</td><td>偏差>5mm</td><td>用2m靠尺和楔形塞尺检查</td><td>3</td><td></td><td></td><td></td><td></td><td></td><td></td></tr>
</table>

续表

考核项目	考核内容	层次	工程分项名称	1（优良）	0.8（合格）	0.6（不合格）	检测方法	权重/%	项目部名称					
									检查值	得分	检查值	得分	检查值	得分
工程质量	面层平整度		木铺装面层	偏差≤±2mm	偏差≤±3mm	偏差>4mm	用6m靠尺和楔形塞尺检查	3						
	铺装缝隙宽度	砖面层	水泥砖	偏差≤±1mm	偏差≤±2mm	偏差>3mm	用卷尺检查	3						
			青砖	偏差≤±1mm	偏差≤±2mm	偏差>3mm	用卷尺检查	3						
			嵌草砖	偏差≤±2mm	偏差≤±3mm	偏差>4mm	用卷尺检查	3						
			花岗岩面层	偏差≤±1mm	偏差≤±1.5mm	偏差>2mm	用卷尺检查	3						
			木铺装面层	偏差≤±1mm	偏差≤±1.5mm	偏差>2mm	用卷尺检查	3						
	铺装缝隙顺直度	砖面层	水泥砖	偏差≤±2mm	偏差≤±3mm	偏差>4mm	拉5m线检查	3						
			青砖	偏差≤±2mm	偏差≤±3mm	偏差>4mm	拉5m线检查	3						
			嵌草砖	偏差≤±3mm	偏差≤±4mm	偏差>5mm	拉5m线检查	3						
			花岗岩面层	偏差≤±1mm	偏差≤±2mm	偏差>3mm	拉5m线检查	3						
			混凝土面层	偏差≤±3mm	偏差≤±4mm	偏差>5mm	拉5m线检查	3						
			木铺装面层	偏差≤±1mm	偏差≤±2mm	偏差>3mm	拉5m线检查	3						
	路牙石		缝隙宽度	偏差≤±3mm	偏差≤±4mm	偏差>5mm	用卷尺检查	3						
			顺直度	偏差≤±1mm	偏差≤±2mm	偏差>3mm	拉5m线检查	3						
			相邻块高差	偏差≤±1mm	偏差≤±1.5mm	偏差>2mm	尺量	3						

续表

考核项目	考核内容	层次	工程分项名称	1 （优良）	0.8 （合格）	0.6 （不合格）	检测方法	权重/%	项目部名称					
									检查值	得分	检查值	得分	检查值	得分
工程质量	小品安装		灯具	灯向正确、固定牢靠，灯杆与地面垂直，灯具安装位置正确，偏差≤ 2cm	灯向正确、固定，灯杆与地面垂直，灯具安装位置正确，偏差≤ 3cm	灯向错误、有松动，灯杆与地面不垂直，灯具安装位置偏差>4cm	感观	2						
			座椅（果皮箱）	座椅（果皮箱）的金属部分应做防锈蚀处理，并且安装牢固，位置正确，偏差≤ 10cm	座椅（果皮箱）的金属部分应做防锈蚀处理，并且安装牢固，位置正确，偏差≤ 15cm	座椅（果皮箱）的金属部分防锈蚀处理不到位，安装松动，位置偏差>20cm	感观	2						
			指示牌	支柱安装应直立不倾斜、支柱表面应整洁无毛刺；牌示与支柱连接、支柱与基础的连接应牢固无松动；示牌安装位置正确，偏差≤ 2cm	支柱安装应直立不倾斜、支柱表面应整洁无毛刺；牌示与支柱连接、支柱与基础的连接应牢固无松动；示牌安装位置正确，偏差≤ 3cm	支柱安装倾斜、支柱表面粗糙；牌示与支柱连接、支柱与基础的连接松动；示牌安装位置偏差>4cm	感观	2						
			护栏及廊架	栏杆之间、栏杆与基础之间的连接紧实牢固，竹木质护栏的主桩下埋深度不低于500mm；主桩的下埋部分做防腐处理		栏杆之间、栏杆与基础之间的连接松动，竹木质护栏的主桩下埋深度低于500mm；主桩的下埋部分未做防腐处理	感观	3						

续表

考核项目	考核内容	层次	工程分项名称	1（优良）	0.8（合格）	0.6（不合格）	检测方法	权重/%	项目部名称					
									检查值	得分	检查值	得分	检查值	得分
工程质量	假山		表面破损情况	假山石坚实、无损伤、无裂痕，表面无剥落		假山石松散、表面存在较大面积的损伤、裂痕	感观	2						
			块料间码放牢固	假山石以本身的相互嵌合为主，搭接稳固，勾缝材料与石料颜色相近，缝宽≤1cm		假山石搭接随意，料块间连接不牢固，勾缝材料与石料色差较大，缝宽>2cm	感观及测量	2						
			整体效果	假山堆叠自然美观，出水口位置合理，效果逼真		假山码放呆板不自然	感观	4						
	草坪		草卷与草块铺设	品种符合要求草色纯正，斑秃率<2%，无杂草，覆盖度100%	品种符合要求草色纯正，斑秃率<3%，杂草率<1%，覆盖度>95%	品种符合要求草色纯正，斑秃率>4%，覆盖度<90%	感观+测算	4						
	灌木种植质量		灌木	冠幅、高度符合设计要求，成活率100%，无杂草	冠幅、高度符合设计要求，成活率≥98%，杂草率≤1%	冠幅、高度符合设计要求，成活率<95%，杂草率>1%	感观+测算	4						
	乔木种植质量		乔木	乔木胸径、冠幅、高度符合设计要求，成活率≥98，种植深度、围堰高度、支撑均高于规范要求，苗木搭配效果好	乔木胸径、冠幅、高度符合设计要求，成活率≥95，种植深度、围堰高度、支撑符合规范要求，苗木搭配效果较好	乔木胸径、冠幅、高度符合设计要求，成活率<90%，种植深度、围堰高度、支撑不符合规范要求，苗木搭配效果较差无层次感	感观+测算	5						

续表

考核项目	考核内容	层次	工程分项名称	1（优良）	0.8（合格）	0.6（不合格）	检测方法	权重/%	项目部名称					
									检查值	得分	检查值	得分	检查值	得分
工程质量	地形整理效果	地形		土方回填到位、摊铺均匀、夯实无塌陷；地形整理符合设计要求，起伏平缓，利于园林植物浇灌及水土保持，无废弃杂物和建筑垃圾	土方回填基本到位、摊铺均匀、夯实基本无塌陷；地形整理符合设计要求，起伏相对平缓，有利于园林植物浇灌及水土保持，平整，无废弃杂物和建筑垃圾	土方回填不到位、有塌陷；地形整理不符合设计要求，无起伏，不利于园林植物浇灌及水土保持，有废弃杂物和建筑垃圾	感观结合仪器检测	4						
工程资料	材料合格证							2						
	苗木检验检疫报告							2						
	竣工资料							2						
项目得分														
项目部得分														

第三节　团队管理

团队管理水平和组织能力决定了工作目标的达成。方法、措施、步骤恰当，会激发执行者更有创意或独特的解决问题。汇聚商学院陆建东 / 韩玉龙老师、宁夏宁苗园林公司董事长余根民先生对团队管理的步骤归纳为如下几点。

1. 确定执行人

作为执行人要做敢于承担责任的人，这些责任有公司的使命、岗位的责任、领导的责任、管理的责任、团队建设的责任、带人育人的责任、帮助人的责任、对企业文化宣传践行的责任、带头的责任、创新的责任、对客户承诺的责任等。如果团队的每一个人（执行人）对自己说的每一句话都敢承担责任，员工就开始喜欢你，客户就开始喜欢你，影响力自然形成，执行力自然落地。当然，只靠说不行，得做出结果，只有做出结果，才证明你行，别人才会相信你。有结果才有号召力，才能影响别人。

2. 计划分工

计划是获得结果的保障，针对所要的结果，要进行宏观的详细规划，找出时间节点和关键控制事项，没有事前周密的计划，就无法保证良好的结果。

3. 明确结果与期限

当我们在预测结果的时候，应该想想客户想要什么样的结果，如果这不是客户想要的结果，客户就不会为这样的结果给我们想要的结果。因此，永远要有计划，永远要知道目标，永远不要忘了时效。

4. 制定措施

所有的措施要紧扣结果，要具可操作性。如果不是能保证结果的措施，就必须制定更多的措施。

5. 达成共识并承诺

怎样达成共识并承诺，就是把问题分为讨论、决策、执行三个阶段。

第一阶段讨论，执行人（管理者）要以负责任的心态来对待，要形成畅所欲言的氛围，广泛听取意见。

第二阶段决策，执行人（管理者）要对决策结果负责任，对结果敢担当，不推诿，这是科学决策的前提。

第三阶段执行，执行人形成决策后，即使遇到再大的困难也要坚决执行。

执行人通过“讨论、决策、执行”三个阶段，达成了共识，执行工作才会气顺、力足。

6. 建立检查程序

检查是提高工作标准的有效途径。检查对事不对人，不以别人信誓旦旦的承诺为结果，只相信已经发生的事，只关心正在发生的事实和形成的数据。

7. 即时激励

早激励才是激励，晚激励不是激励，激励要做即时激励，过时激励起不到应有效果。无论正向激励还是负向激励，最终都要实现真正激励。

8. 改进提升

找工作中存在的问题是为了进步，打破故步自封。你不打破，我不打破，现状如何打破？你来打破，我来打破，业绩才能突破；你不成长，我不成长，团队如何成长？你也成长，我也成长，公司持续成长。

这是管理的八步骤，掌握“管理八步骤”会使管理形成闭环。

第四节　人员关系管理

人员关系是团队管理中的一个重要组成部分。搞不好人员关系，将对工作产生不良的影响。处理好人员关系，就要多角度来考虑问题，善于合作分享，胸襟豁达，虚怀若谷。

一、基于职权管理的客户关系

员工是公司最大的资产，具有成长潜力的员工更是未来帮助领导分忧解愁的人。因此，员工也是各级领导的客户。各级领导要尊重员工、相信员工、认同员工所创造的价值，激发员工的最大潜力。

（1）管理者与员工之间由于任务关系形成职级客户关系，上级将工作机会提供给下级，下级必须努力完成任务让上级（客户）满意，并获得必要的经济收入，因此，上级也是下级的客户（图 7–1）。

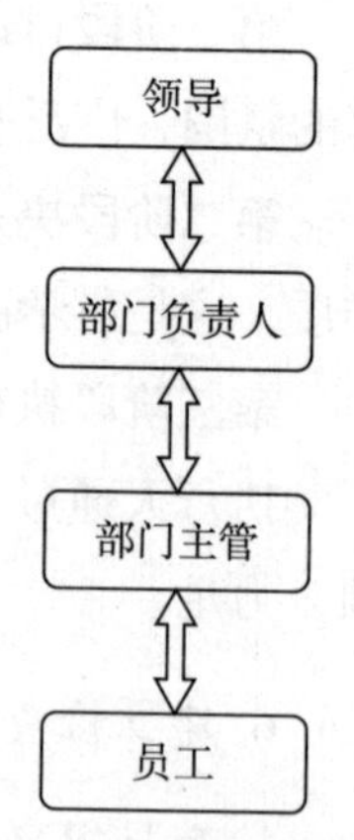

图 7–1　管理者与员工之间由于任务关系形成职级客户关系

（2）职能部门在公司发挥着重要的监督、控制、检查、执行等管控作用，基于此，当职能部门发挥职能管控作用时，与各部门之间形成监督控制的关系。

二、基于业务流程的客户关系

（1）工程客户关系（图 7-2）。

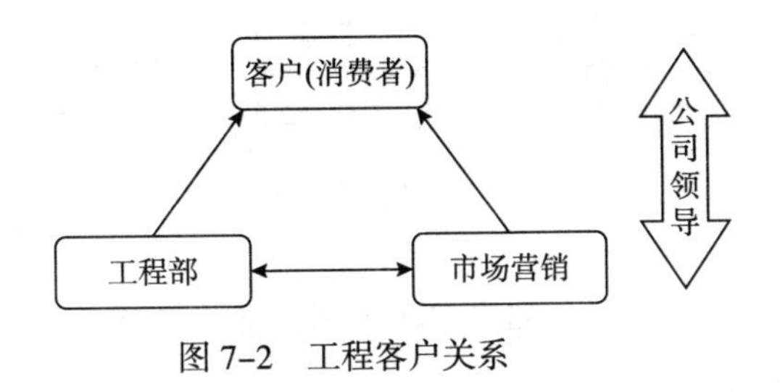

图 7-2　工程客户关系

（2）市场经营部客户关系（图 7-3）。

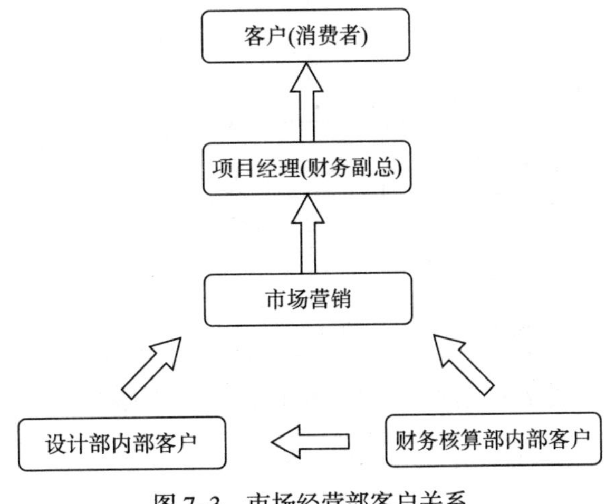

图 7-3　市场经营部客户关系

三、工程运营内部客户关系

（1）工程承揽后，由总经理组织相关部门进行施工分析，确定施工方案，制定工期、工艺流程、质量标准、成本等的控制措施（图 7-4）。

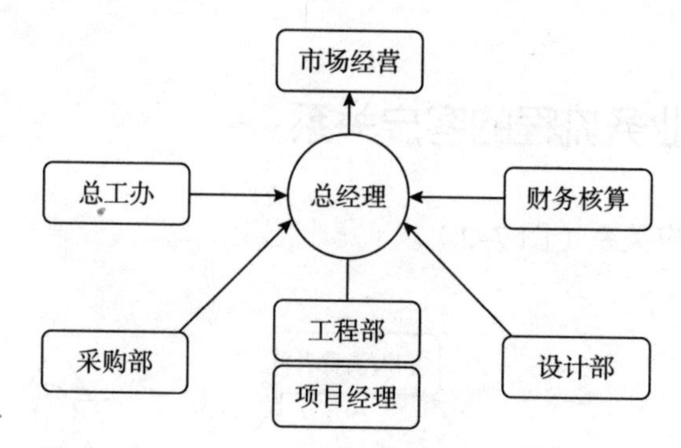

图 7-4　工程承揽后运营客户关系

（2）工程施工阶段，各部门服务于项目部，满足项目部需求（图 7-5）。

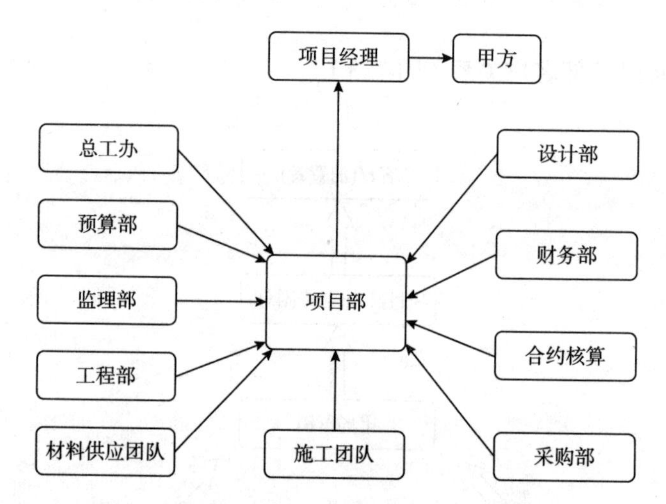

图 7-5　各部门服务于项目部，满足项目部需求

四、设计部客户关系

客户关系管理旨在改善设计方案与客户之间的关系，提高客户忠诚度和满意度的管理机制，提高核心竞争力和公司的经济效益（图 7-6）。

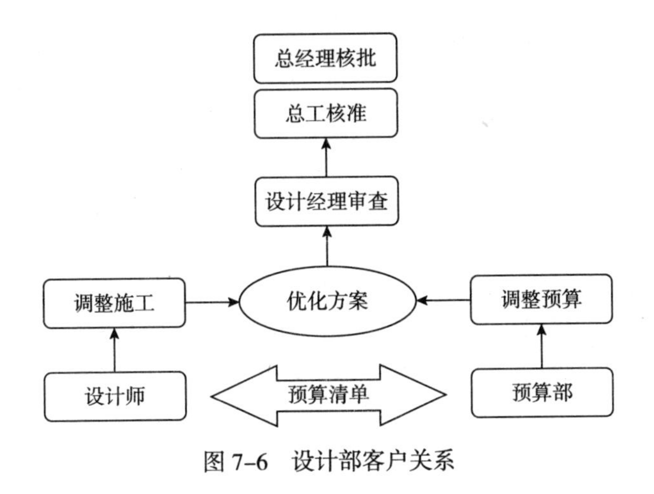

图 7-6　设计部客户关系

五、采购部客户关系

采购部以恰当的方法和策略与供应商处理好关系，给公司创造很大的经济效益（图 7-7）。

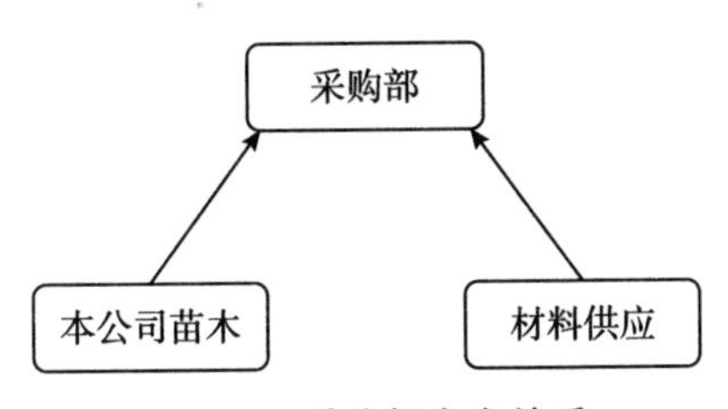

图 7-7　采购部客户关系

六、技术管理体系

建立总工程师技术管理体系，全面负责项目技术培训、技术指导，创建技术标准进行工程质量检查与监督（图 7-8）。

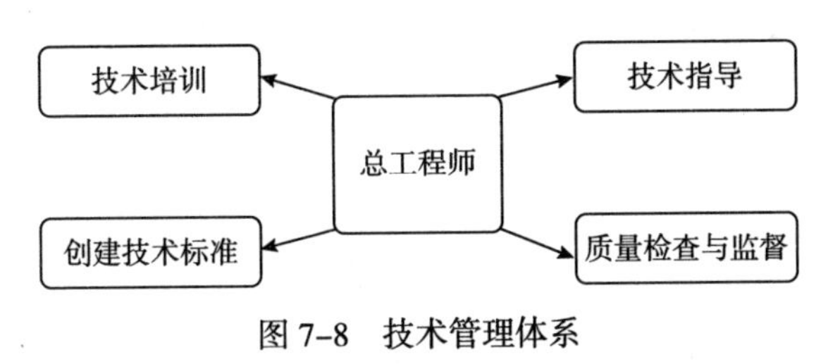

图 7-8　技术管理体系

第八章 团队战斗力的引擎

第一节　职位、职级能升能降

员工晋升由较低层级职位上升到较高层级职位（图 8–1），有三种类型：

（1）职位晋升、薪资晋升。

（2）职位晋升、薪资不变。

（3）职位不变、薪资晋升。

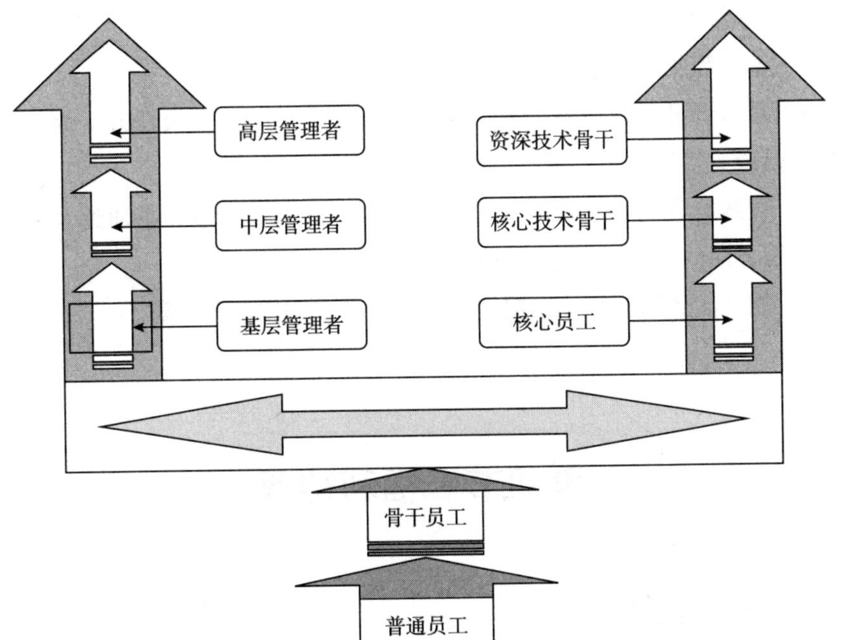

图 8–1　员工晋升由较低层级职位上升到较高层级职位通道

第二节　职级、职位晋升形式

职位、职级晋升形式如下所述。

（1）定期：公司每年根据公司的经营情况，在年底统一晋升员工。

（2）不定期：在年度工作中，对公司有特殊贡献，或表现优异的员工，随时予以晋升。

（3）试用期员工：在试用期间，工作表现优秀者，由试用部门推荐，提前进行(转正)晋升。

第三节　基本原则

职位、职级晋升的基本原则如下所述。

（1）德能和业绩并重的原则。

（2）逐级晋升与越级晋升相结合的原则：员工一般逐级晋升，为公司做出了突出贡献或有特殊才干者可以越级晋升。

（3）直线晋升与交叉晋升相结合的原则：员工可以沿一条通道晋升，也可以随着发展方向的变化而调整晋升通道。

（4）能升能降的原则：根据绩效考核，员工职位可升可降。

第四节　福利待遇

一、福利原则

（1）对公司遵循可负担性和竞争性、灵活性和稳定性的原则；对员工体现激励性和保障性原则。

（2）公司整体福利待遇水平与经营管理业绩相关。

（3）福利总额按照福利形式不同，依国家和公司有关规定依据专款专用原则，分别独立控制各项福利总额。

（4）社会保险部分：各种社会保险的企业承担部分按照国家和当地法律法规规定从相关费用中支出缴纳。

二、福利项目

福利分保障性福利与激励性福利两类。保障性福利项目覆盖全体员工，激励性福利主要是根据员工岗位、业绩等因素，以贡献大享有多为原则。

（1）社会基本保险属保障性福利，包括养老保险、医疗保险（含生育保险）、工伤保险、失业保险、住房公积金项目。

（2）遇员工有婚、丧、育情况，公司给予一定数额的补贴。

（3）免费体检：公司每年定期组织员工进行免费体检。

（4）高温季节给予一定的防暑降温福利。